Abbildung 1

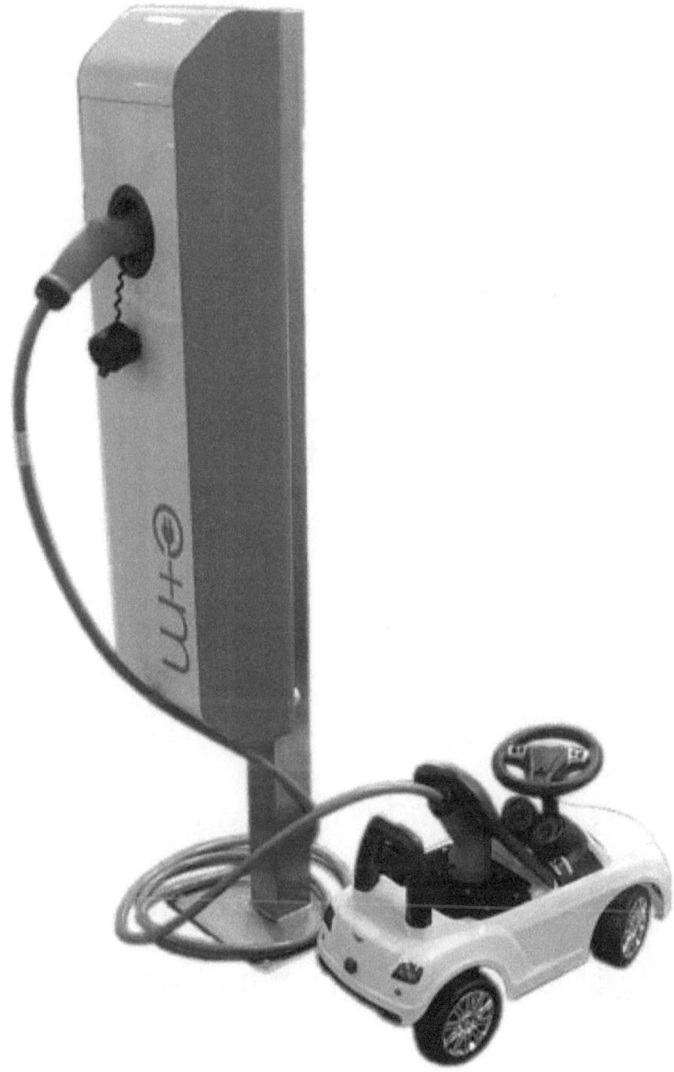

Inhalt

Einführung 5

Geschichte 10

Elektrizität 1 24

Elektrizität 2 28

Elektrizität 3 34

Umrüstzeiten 40

Hybrid 1 42

Hybrid 2 49

Hybrid 3 58

Hybrid 4 62

Plug-In-Hybrid 65

Plug-In mit Zukunft? 67

Brennstoffzelle 1 70

Brennstoffzelle 2 78

Wasserstoff 85

- Wasserstoff-Zukunft 88
- Lkw 91
- Tesla 97
- Tesla Model S Plaid 105
- Batterie 1 110
- Batterie 2 113
- Batterie 3 116
- Flüssigbatterie 118
- Reichweite 121
- Elektromotor 1 123
- Elektromotor 2 127
- Elektromotor 3 136
- Elektromotor 4 140
- Elektromotor 5 145
- Reluktanzmotor 1 149
- Reluktanzmotor 2 154
- Rekuperation 1 159

- Rekuperation 2 163
- Kühlen/Heizen 165
- Wärmepumpe 167
- Range Extender 169
- E-Netze 172
- Laden - AC 1 176
- Laden - AC 2 180
- Laden - AC 3 184
- Laden - AC 4 186
- Stichworte 190
- Wie geht es weiter? 198
- Wenn Ihnen 199
- Alle gedruckten Bücher 199

▢▍▎ Einführung

Abbildung 2

kfz-tech.de/PeD9

Nein, wir kümmern uns jetzt nicht schon wieder um die weltweite Temperaturerhöhung. Wir starten unsere Überlegungen bei zu viel CO_2-Ausstoß. 11 Tonnen pro Bundesbürger sind es angeblich, und nur 2,5 Tonnen sind für die Erde auf Dauer verträglich. Das weiß im Grunde jede(r) und vielleicht versuchen deshalb so viele reiche Leute, von der Erde wegzukommen und auf dem Mars ihren Lebensabend zu verbringen.

Wenn viele Deutsche in der Auswanderung ihr Glück versuchen, geschieht das vielleicht auch deshalb, weil man auch von dort aus relativ preiswert die Heimat und Freunde besuchen kann? Was ist eigentlich mit den Flugpreisen los? Da wird auf die größere Ermäßigung der Mineralölsteuer bei Diesel-Fahrzeugen geschimpft, aber der Flugbetrieb zahlt überhaupt keine.

Trotzdem darf man das Auto nicht außen vorlassen. Es müsste, wie so manches Shopping, von der Persönlichkeit entkoppelt werden. Nachhaltig heißt gerade nicht, sich jedes Teil zuzulegen, das niedrigere CO_2-Belastung verspricht, sondern auch auf dessen Herstellung zu achten.

Das ist jetzt zwar nicht wissenschaftlich belegt, aber rein rechnerisch kann ein Elektroauto zurzeit erst nach 100.000 km Fahrleistung einen Vorteil gegenüber einem Fahrzeug mit Dieselmotor erringen, weil z.B. die Herstellung der Batterie so viel CO_2 erzeugt. Und da ein E-Auto nicht gerade typisch für die Langstrecke ist, kann das lange dauern.

Sie merken schon, die Herstellung ist ein wichtiger Punkt. Sie sollte am besten vom Hersteller mit angegeben werden, auch zu Werbezwecken nutzbar sein. Und genau diese Überlegung ergibt zumindest einen Lösungsvorschlag für das ganze Problem: Behalten Sie einmal Gekauftes solange wie möglich. Wo ist sie hin die Zeit, in der man durch Reparatur nicht nur Ressourcen, sondern auch Geld einsparte?

Es ist vollkommen egal, ob Sie noch einen Verbrenner Ihr Eigen nennen oder schon auf E-Technik umgestiegen sind, bleiben Sie dabei. Und kaufen Sie zurzeit bloß keinen neuen Benziner statt Ihres älteren Diesels. Höchstens bei größerer Not ein Fahrzeug mit Erdgasantrieb. Nehmen Sie sich ein Beispiel an den einsamen Gegenden Amerikas, wo 70 Jahre und ältere Fahrzeuge noch ihren Dienst tun.

Man kann sich ja in deren Gebrauch beschränken und hier soll auch nicht der Spritverschwendung in USA das Wort geredet werden, aber den landläufigen Hang zur Langlebigkeit kann man von ihnen lernen. Unsere Autos halten wesentlich länger, als wir sie benutzen. Nur müssten die Werkstätten fitter und günstiger für die Beseitigung von Fehlern werden. Die alles überwuchernde Austauschmentalität muss auch hier aufhören.

Nein, es werden wohl keine absichtlichen Fehler eingebaut. Wie soll das gehen, wenn bis zu 75 Prozent von Zulieferern kommen? Lassen die dann, etwa wie beim Diesel-Skandal, den Herstellern freie Hand, wann das Übel eintreten soll? Alles Unsinn. Was es wohl gibt sind auf eine bestimmte Dauer oder Kilometerzahl limitierte Tests.

Wenn also die Türscharniere irgendwann ihren Geist aufgeben, dann sind die schlicht nicht so lange getestet worden. Bei E-Autos wäre geplante Obsoleszenz wahrscheinlicher, weil die weniger Teile haben, aber seien Sie gewiss, deren Hersteller haben im Moment gewiss andere Probleme.

Auch Sie selbst könnten sich wieder etwas mehr in Richtung Handwerk bewegen. Nein, nicht an den Bremsen Ihres/r Autos werkeln, aber Kleinigkeiten, wie z.B. den halbjährlichen Radwechsel mit ein wenig Kontrolle. Für das Einlagern der Räder soll es inzwischen sogar schon Fristen mit z.T. saftigen Überziehungsgebühren geben.

Es wird Zeit, dass wir das Handling zurückgewinnen. Da hat uns die Industrie zu viel Schneid abgekauft. Der Technik auch theoretisch ein wenig näherkommen, um z.B. mannigfaltig aufgeschwatzten Unsinn erkennen zu können. Reduzieren Sie gleichzeitig mit dem CO_2-Verbrauch auch Ihre Abhängigkeit. Vermeiden Sie Stau durch strenger durchgeplante oder weggelassene Fahrten und Wartezeiten durch selbstbestimmtes Handeln.

Sie werden sich vielleicht wundern, warum ein Buch über E-Antriebe zurzeit einen mit Erdgas empfiehlt und keinen elektrischen. Diese Technik ist sehr im Fluss. Die Fahrzeuge sind noch sehr teuer. Das wichtigste Gegenargument im Sinne dieses Artikels ist aber, dass sie zu schnell veralten werden.

Abbildung 3

2010 **M**itsubishi **i**nnovative **E**lectrical **V**ehicle, 16 kWh

Wer schon recht früh ein E-Auto mit etwas über 200 km echter Reichweite kauft, der wird es nur noch mit sehr großem Preisnachlass los, wenn es Fahrzeuge mit doppelt so viel Reichweite geben wird. Plötzlich ist das gestern Begehrte heute uninteressant. Schauen Sie sich nur die Preisentwicklung beim gebrauchten Diesel an.

Die Anlauffinanzierung der E-Mobilität sollte man Leuten mit genügend Kapital oder echten Enthusiasten überlassen. Dieses Buch wird allerdings nicht nur für letztere geschrieben, sondern auch für Menschen, deren Blick ins Portemonnaie Ihnen mehr Realismus gebietet.

Strom, Strom, Strom, natürlich Strom. Warum? Weil es auch ohne Umweltprobleme so nicht weitergegangen wäre. Wo lag denn der Fortschritt beim Verbrennungsmotor in letzter Zeit? Und was hat der gebracht? Leistung und fast noch mehr Drehmoment.

Und wozu braucht man das? Damit man schneller fahren kann? Nein, denn wenn fast jedes Auto 200 km/h schafft und die Autobahn oft auch in Deutschland geschwindigkeitsbegrenzt oder verstopft ist, muss man mit seinem Porsche schon bis Nardo in Süditalien fahren, um ihn dort nachts (!) mit angsterfülltem Gesicht ausfahren zu können (und dann nie wieder).

Dann hat man die Landstraßen wieder entdeckt, in Deutschland zwar meist an jeder Kreuzung auf 70 km/h begrenzt, aber man kann ja immer engere Kurven suchen. Hier wurde dann so lange am Antrieb experimentiert, bis jedes Rad sein optimales Quäntchen Drehmoment auf die Straße brachte. Aber Landstraßen sind hierzulande höchstens für Kurzstrecken geeignet. Sie führen eigentlich immer nur zur Autobahn.

Fast gleichzeitig mit dem Strom kam das Autonome Fahren, für sportliches Fahren wenig geeignet. Sollte wirklich ein Sportwagen seinem/r Besitzer/in zeigen, dass man ihn mit Leichtigkeit auch noch viel schneller durch Kurven bewegen kann? Ebenso der Allrad-Trend, der sich eigentlich nur als ein Höher-Sitzen-Trend outete. Man ist stabiler umschlossen und hat mehr Überblick.

Inzwischen bietet die Automobilindustrie 'Cross-over' mit zumindest optionalem Zweiradantrieb. Wenn man es genau betrachtet, wäre ihr außer Personalisierung, Connectivity und Entertainment doch nichts mehr eingefallen, hätte ihnen die Umwelt-Diskussion nicht dieses Elektro-Thema auf den Tisch gelegt. Die Fahrzeughersteller sollten also froh sein, dass sie ein neues Thema haben.

Denn außer dem Einklang mit der Umwelt sind eigentlich alle anderen Kfz-Themen gelöst. Die Autos sind deutlich haltbarer, leistungsfähiger und vor allem sicherer geworden. Die Staus zeigen eigentlich den Erfolg des Autos. Für alle genügend Straßen zu bauen, scheint unmöglich. An besserer Verteilung wird gearbeitet.

Die Herausforderungen sind nicht gering, haben doch E-Autos deutlich weniger Mechanik an Bord als herkömmliche. Batterien selbst scheinen die Autohersteller, außer vielleicht VW, nicht als ihre Sache zu begreifen und selbst Tesla baut solche, die für alle möglichen Anwendungen geeignet sind, also nicht speziell für Fahrzeuge.

Höchstens hier ist Tesla ein ernst zu nehmender Konkurrent, denn auf dem Feld einer kostendeckenden oder sogar mit Gewinn verbundenen Automobilproduktion muss man sich erst noch beweisen. Außerdem verfolgen die Amerikaner wie gewohnt zu wenig das Gebot der Sparsamkeit. Ist der Verbrauch zu hoch, werden einfach mehr Batterien mit an Bord genommen.

Es gibt enge Verbindungen zwischen Tesla und Google. Vielleicht hört man deshalb wenig von der flächendeckenden Einführung eines Autonomen E-Autos, obwohl man sie nicht nur im Silicon-Valley vielfach antrifft, weil hier Informationen über die Schwierigkeiten bei Einführung einer Großserienproduktion weitergegeben wurden.

Die Kritik z.B. an den deutschen Herstellern ist im Bereich E-Autos höchst unberechtigt. Beim BMW i3 ist das Thema E-Auto eigentlich viel gründlicher angepackt worden als beispielsweise bei Tesla. Kohlefaser ist halt das innovativere Material als Aluminium. Leider stimmt in Deutschland wegen zu niedrigen Löhnen für Leiharbeit und zu hohen für die Stammbelegschaft etwas nicht mit der Preisstruktur.

Man könnte zu dem Schluss kommen, dass es nicht an der schon jetzt vorhandenen Technik mangelt. Immerhin werden gerade die ersten Batterien gefertigt, mit denen man bei sparsamer Fahrweise bei 100 kg Gewicht zumindest brutto 100 km weit käme. Fehlt nur noch ein leichteres Umfeld und eine bessere Integration. Aber es gibt im Moment noch viel zu wenig regenerativen Strom. Da nützen dann auch flächendeckende Ladestationen nicht viel.

Und die Lösung für die Lkw im Fernverkehr?

◘▮▮ Geschichte

Abbildung 4

Sie mögen Ferdinand Porsche als Erfinder von Rennwagen und des VW-Käfers auf dem Schirm haben, aber seine Anfänge waren in der Tat elektrisch. Schon mit 16 Jahren hat er angeblich das Elternhaus mit Strom für Klingel und Beleuchtung versorgt. Vom Vater zum Spengler ausgebildet, erhält er 1893 eine Anstellung bei der Vereinigten Elektrizitäts-AG vorm. B. Egger & Co, einer renommierten Firma, heute zur Schweizer Brown, Boveri & Cie. gehörig.

Abbildung 5

 kfz-tech.de/PeD12

Die K.u.k Hofwagenfabrik Jacob Lohner, ein bekannter Kutschenbauer, sucht Kontakt zu Egger & Co. Statt Kutschen will man jetzt ein elektrisch angetriebenes Mobil bauen. Der erste Wagen (Bild oben) fußt auf der damals üblichen Technik.

Abbildung 6

kfz-tech.de/PeD13

Vom Hauptstrommotor geht es ohne Getriebe zum Achsantrieb mit Differenzial, von dort über Zahnräder auf die Hinterräder. Er hat zwar neben Bandbremsen auch eine elektrische, kann aber den dabei entstehenden Strom nicht in die Batterie zurückladen. Der Wagen wiegt fahrfertig 1.450 kg und schafft 80 km mit 2,2 kW (3 PS) dauerhaft und kurzfristig bis zu 3,7 kW (5 PS) ca. 35 km/h. Die Ladezeit für die 44 Batteriezellen (120 A) beträgt damals ca. vier Stunden.

Abbildung 7

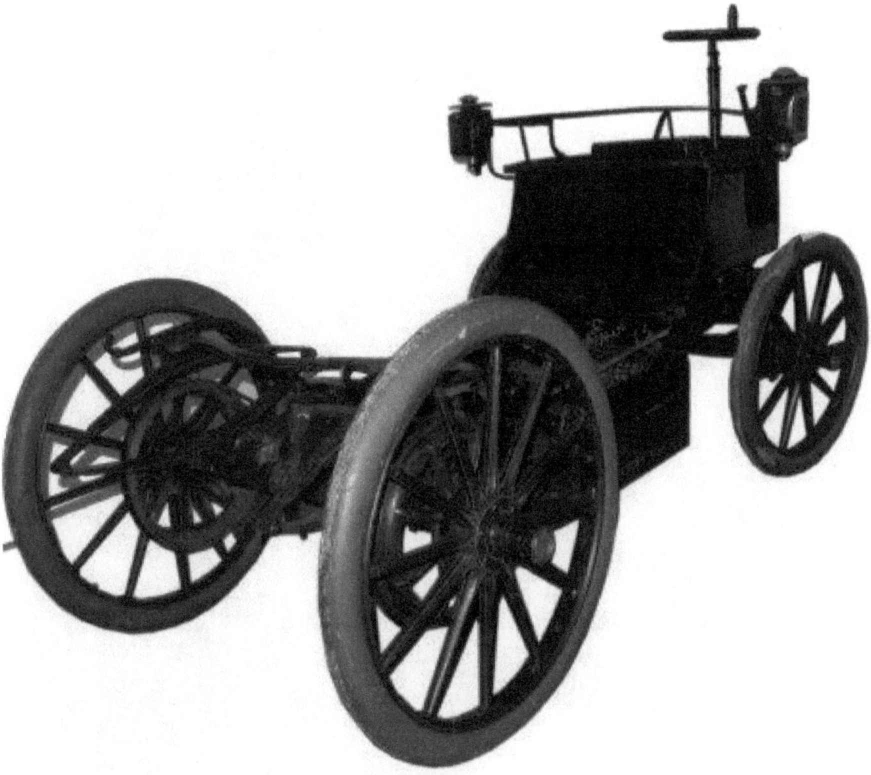

kfz-tech.de/PeD14

Elektrisch angetriebene Fahrzeuge für die Straße gibt es seit etwa 1881. Ferdinand Porsche holt mit einem Wagen von Egger bzw. Lohner auf der Automobilausstellung in Berlin die Goldene Medaille und den Ehrenpreis bei einer Konkurrenzfahrt. Sein Vorsprung beträgt angeblich 18 Minuten.

Abbildung 8

kfz-tech.de/PeD16

Ferdinand Porsche, inzwischen vom Mechaniker zum Leiter des Motorenprüfstands aufgestiegen, ist an Konstruktion und Bau der Fahrzeuge entscheidend beteiligt. 1899 wechselt er mitsamt seinem Radnabenmotor

(Patent von 1896) im Bild oben zur Hofwagenfabrik Jacob Lohner & Co. noch in Wien.

Abbildung 9

kfz-tech.de/PeD17

Dieses rein elektrisch angetriebene Fahrzeug "System Lohner-Porsche" mit Radnabenmotoren vorn präsentiert Porsche auf der Weltausstellung 1900 in Paris mit ebenfalls großem Erfolg. Auch hierzu liegt ein Patent vor. Die Bleibatterien sind 410 kg schwer und ermöglichen 50 km bei bis zu 50 km/h.

Abbildung 10

kfz-tech.de/PeD18

Statt zwei waren auch vier Radnabenmotoren und damit einer der ersten Allradantriebe der Welt möglich. Es soll ein solches Fahrzeug für einen britischen Kunden gegeben haben. 1900 ist der Elektroantrieb auf dem Höhepunkt, seinen beiden Konkurrenten Dampfantrieb und Verbrennungsmotor überlegen.

Abbildung 11

kfz-tech.de/PeD15

Der belgische Ingenieur Camille Jenatzy stellt 1899 mit 105 km/h einen neuen Geschwindigkeitsrekord für Landfahrzeuge auf. Zwei Motoren mit je 25 kW (200 V, 125 A) treiben die Karosserie aus Alu- Legierung an. Leider stehen oben der Fahrer und unten das Fahrwerk im Wind. 82 Batterien mit einem Gewicht von 853 kg machten einen großen Teil des Gewichts von 1.450 kg aus.

Abbildung 12

kfz-tech.de/PeD19

1904 verlässt Porsche Lohner und nimmt die Stelle von Paul Daimler, dem Sohn von Gottlieb Daimler, bei Austro-Daimler an. Ferdinand Porsche hat versucht, die Probleme mit der Reichweite durch einen Verbrennungsmotor zu lösen, der die Batterien lädt, eines der ersten Hybrid-Fahrzeuge (Bild oben). Es stehen aber auch Vorwürfe im Raum, das Engagement im E-Bereich habe 1 Mio. Goldkronen gekostet. Die Lohner-Werke haben trotzdem überlebt und gehören heute zum kanadischen Bombadier-Konzern.

Abbildung 13

kfz-tech.de/PeD22

Das ist ein Dampfautomobil der Fa. Friedmann von 1904. Der zuständige Ingenieur ist Richard Knoller. Es gibt einen Wasserrohrkessel, der mit Petroleum geheizt wird. Die umständliche und lange Vorbereitung einer Fahrt mit dem Dampfmobil ist der wohl größte Nachteil. Mit dem Dampfdruck von fast 80 bar wird eine vierzylindrige Dampfmaschine betrieben. Der Dampf kondensiert anschließend wieder in den Kreislauf.

Abbildung 14

Die Dampfmaschine ist zu der Zeit ein ernstzunehmender Gegner der E-Mobilität, in USA noch viel mehr als in Europa. Schauen Sie sich hier die enorme Liste der Produzenten an. Auf den nachfolgenden Bildern noch ein paar Impressionen von elektrischem Fahren in USA.

Abbildung 15

Das ist ein Brougham der Firma Detroit Electric von 1915. Er ist mehr als sechs Mal so teuer wie ein T-Modell von Ford. Dem Vernehmen nach hat sich Clara Ford, die Ehefrau von Henry, ein solches Modell geleistet. Auch Oma Duck fuhr so einen Wagen, denn er musste nicht angekurbelt werden.

Abbildung 16

Der Wagen wird quasi von der Rücksitzbank aus mit einem links angelenkten, langen Hebel gesteuert. Über einen ebensolchen kürzeren lässt sich die Geschwindigkeit von maximal 20 m/h bestimmen. Der 48V-Motor hat wohl nur 2,2 kW (3 PS), die Reichweite betrug angeblich 80 Meilen (128 km). Radstand: 2,56 m, Länge: 3,62 m, Breite: 1,83 m, Höhe: 2,15 m, Gewicht: 1.119 kg + 531 kg (Batterien), Luftreifen 32 x 4,5.

Abbildung 17

kfz-tech.de/PeD20

▢▮▮▮ **Elektrizität 1**

Abbildung 18

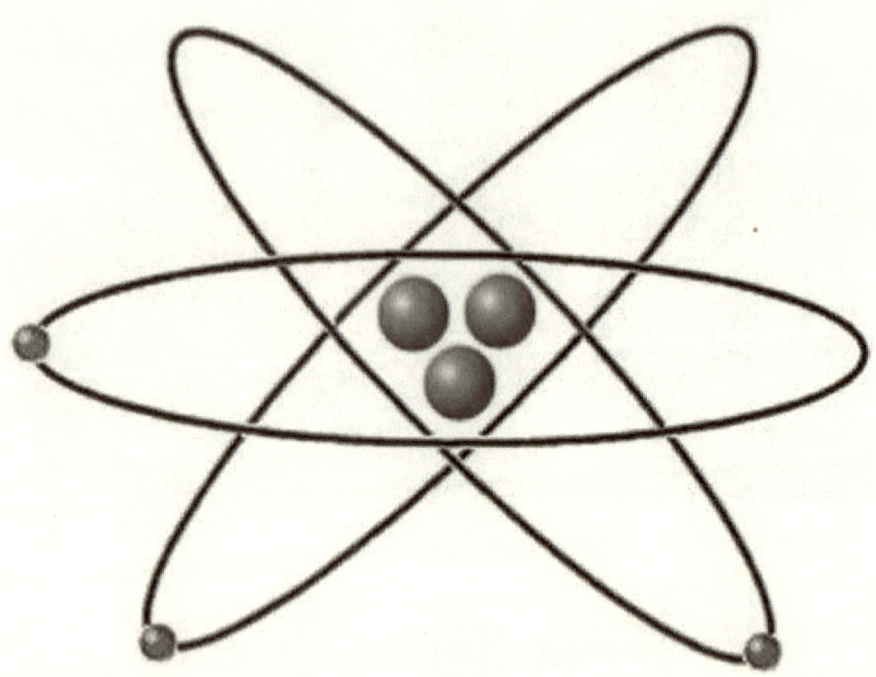

Vermutlich kennen Sie den Versuch noch aus der Schulzeit, wie man durch Reiben eines Stabes z.B. aus Kunststoff an einem Tuch Ladung erzeugt. Das bedeutet, unser Wissen über das Wesen der Elektrizität ist viel älter als deren Nutzung. Der Begriff stammt aus dem Griechischen und ist die Übersetzung von 'Bernstein', an dem man die entsprechenden Phänomene wohl zum ersten Mal gefunden hat.

Die Zeit um 1800 brachte die Verbindung von Ladung durch Reibung z.B. von Bernstein hin zum Magnetismus. Man war durch die erste Batterie von Volta 1799 in der Lage, elektrochemisch Strom zu speichern und damit auch einigermaßen kontinuierlich fließen zu lassen. Der dänische Physiker Hans Christian Ørsted war der erste, der die magnetische Wirkung eines stromdurchflossenen Drahtes mit Hilfe einer Kompassnadel sichtbar machte.

Damit es zu einem Stromfluss kommt, müssen je ein positiver und ein negativer Pol vorhanden sein. Diese Unterscheidung war auch schon vorher bekannt, denn wenn man einen Bernstein- oder auch Glasstab mit Seide reibt, entstehen Ladungen, die bewirken, dass sich solcherart behandelte Seidentücher und auch Glasstäbe gegenseitig abstoßen, umgekehrt natürlich Seidentuch und Glasstab anziehen.

So entstehen der gedachte Überschuss und der Mangel an Ladungen, das Plus und das Minus. Erst später entdeckte man den Träger der Ladung, das Elektron. Und da man den vermeintlichen Überschuss an Ladung als Plusseite schon festgelegt hatte, musste man nun dem Träger die negative Seite zuordnen. Seitdem ist der gedachte Überschuss an Ladungen ausgerechnet auf der Minusseite in Form von Elektronen zu suchen.

Das Elektron legt die kleinstmögliche Einheit für die Ladung fest. Wenn es überhaupt einen dingfest zu machenden Ort hätte, wäre der in der riesigen Hülle eines jeden Atoms, in der Anzahl angeglichen an die Zahl der Protonen mit positiver Ladung im vergleichsweise winzigen, aber massiven Kern. Wie damit schon angedeutet, tritt es als Materie und auch als Welle auf.

Als Materie aufgefasst kann man dem Elektron eine Masse zuordnen, die dann etwa 2000 Mal geringer ist als die des Protons. Trotzdem ergibt sich von den Ladungen her immer ein gleichbleibender Erhalt. Der mit 'Aufladen' bezeichnete Vorgang schafft im Prinzip eine veränderte Verteilung von Ladungen, die durch den 'Verbrauch' an elektrischer Energie wieder ausgeglichen wird. So bleibt die elektrische Ladung insgesamt konstant.

Strom entsteht also durch sich bewegende Ladung. Dazu gibt es Materialien, in denen das vergleichsweise gut gelingt, wie beispielsweise Metalle, und solche, die Ladungsbewegungen nicht erlauben, wie z.B. Porzellan. Erstere werden Leiter, letztere Nichtleiter genannt. Grundsätzlich ist die Leitfähigkeit je nach Werkstoff unterschiedlich. Gold, Silber und Kupfer gelten jedenfalls als sehr gute Leiter.

Zum Leiten von Strom sind sogenannte 'freie' Elektronen nötig. Infrage kommen immer die auf der äußersten Schale, wenn man ein bestimmtes Atommodell zugrunde legt, in diesem Fall das von Niels Bohr. Je mehr es sind und je weiter sie vom Atomkern mit der umgekehrten, positiven Ladung entfernt sind, desto freier, also leichter beweglich sind sie. Trennt man beim 'Laden' das Elektron vom seinem Atomkern, so wird das Atom insgesamt positiver.

So entsteht beim Laden einer Batterie ein positiver Pol mit Elektronenmangel und ein negativer mit Elektronenüberschuss. Verbindet man beide Pole ohne einen zusätzlichen Verbraucher oder Widerstand, so entsteht ein Kurzschluss. Dabei fließt je nach Anzahl überschüssiger Elektronen ein großer Strom, der den verbindenden Draht zum Glühen bringen kann.

Solche Vorgänge sind also fast immer mit Wärmeentwicklung verbunden und können auch die Batterie nachhaltig schädigen. Denn der Ablauf der chemischen Vorgänge dort braucht eine gewisse Zeit. Um die Leitung herum bildet sich auch bei geringerem Stromfluss ein kreisförmiges Magnetfeld, dessen Richtung von der Polung der Leitung abhängt. Dreht man die um, so kehrt auch eine Kompassnadel als gedachte Tangente an einen Kreis um die Leitung ihre Ausrichtung in die andere Richtung.

Diese im Kreis auf die Kompassnadel wirkende Anziehungskraft kann repräsentiert werden durch eine von mehreren Kraft- oder Feldlinien. Neben der Richtung gibt es auch eine Größe der Kraft, mit der die Nadel herumgerissen wurde. Sie kennen vielleicht noch die zweidimensionale Sichtbarmachung von Feldlinien mit Hilfe von Eisenfeilspänen. Es bilden sich Feldlinien von der positiven Seite weg hin zur negativen, je stärker das Feld, desto dichter die Linien.

Elektrische Felder spielen jedes Mal eine Rolle, wenn etwas rein elektrisch ohne Leitungsverbindung übertragen werden soll, Funkverbindungen diesmal ausgenommen. Das ist z.B. beim alten Röhrenfernseher der Fall, wo Elektronen an der dem Bildschirm gegenüberliegenden Seite erzeugt und von dort gezielt abgelenkt auf den Schirm gelenkt werden, so schnell, dass unser Auge die entstehenden Punkte als vollständiges Bild wahrnimmt.

Wir brauchen elektrische Felder hauptsächlich beim Betrieb von E-Motoren mit und ohne Kohlebürsten und beim induktiven Laden. Gerade bei ersteren reicht auch die durch ein Paket von Leitungen ausgeübte Kraft kaum aus. Sie muss durch besondere Materialien verstärkt werden. Um die geforderte Materialbeschaffenheit besser beschreiben zu können, sollten uns z.B. zu magnetisierendes Metall als aus kleinsten Einzelmagneten zusammengesetzt vorstellen.

Die Physik beschreibt diese als 'System aus zwei entgegengesetzt gleichen Punktladungen'*, auch Dipole genannt. Wenn wir also mit einem gewöhnlichen Schraubenzieher eine Schraube aus der Versenkung hervorholen wollen, wo vielleicht ein vorhandener Magnetstab mit rechteckigem Querschnitt nicht hinkommt, dann reicht es, in einer Richtung den Stabmagnet langsam über den metallischen Teil des Schraubenziehers gleiten zu lassen und der wird magnetisch.

Abbildung 19

Magnetismus entsteht, wenn man die Dipole in einem Werkstoff ordnet. Jetzt gibt es allerdings Werkstoffe, bei denen das etwas einfacher geht als bei anderen. In E-Motoren sind solche gefordert, bei denen das besonders schnell geht. Auch die Form des zu magnetisierenden Materials spielt eine Rolle. Sie haben vielleicht schon einmal von sogenannten 'Transformatorblechen' gehört oder solche teilweise demontiert. Das sind Bleche aus Weicheisen, die aufeinander gelegt eine ziemlich flexible Ausrichtung von Dipolen erlauben.

Physik, ISBN978-3-642-54165-0, S. 675

▢||| Elektrizität 2

Abbildung 20

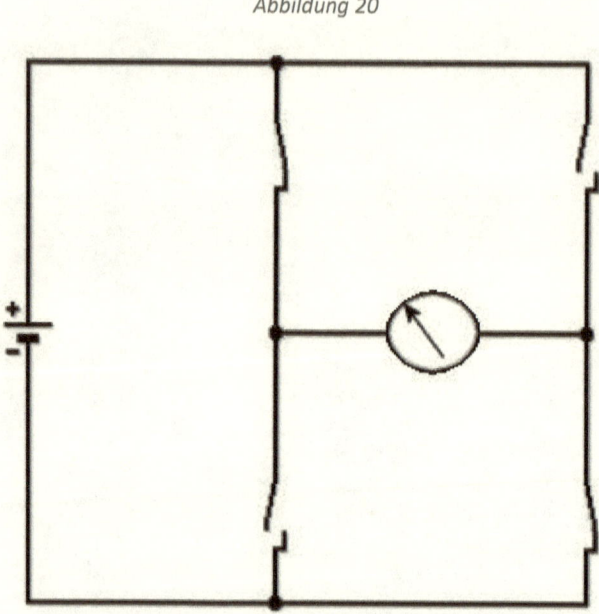

Links die Spannungsquelle, die nach oben hin positive und nach unten negative Spannung verteilt. So wie die Schalter hier eingestellt sind, kommt an der linken Seite des Messgeräts positive und an der rechten negative an. Der Zeigerausschlag ist entsprechend. Unten genau die umgekehrte Stellung der Schalter, die eine Umpolung am Messgerät und wieder die entsprechende Anzeige hat.

Abbildung 21

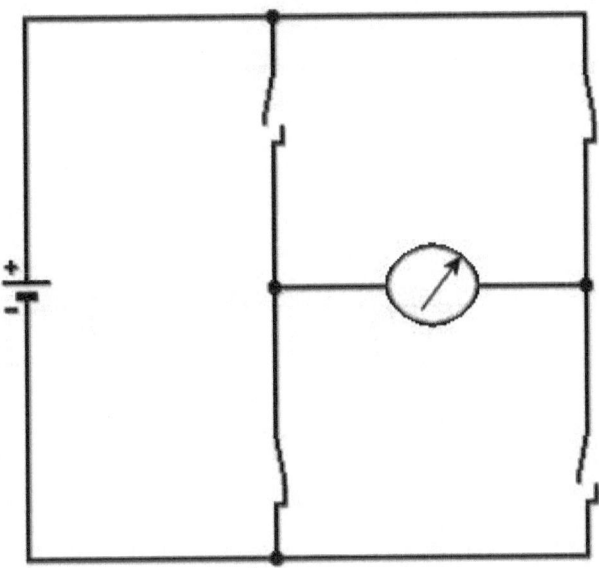

Wichtig ist, dass beide Schalter absolut gleichzeitig betätigt werden, sonst gibt es einen Kurzschluss. Was erreichen wir dadurch? Entsprechend schnelles Schalten vorausgesetzt erzeugen wird dadurch aus Gleich- Wechselstrom. Das ist beim E-Auto z.B. notwendig, um mit Hilfe einer Batterie den Elektromotor anzutreiben. Umgekehrt brauchen wir es beim Laden der Batterie aus dem Wechselstrom-Netz.

Abbildung 22

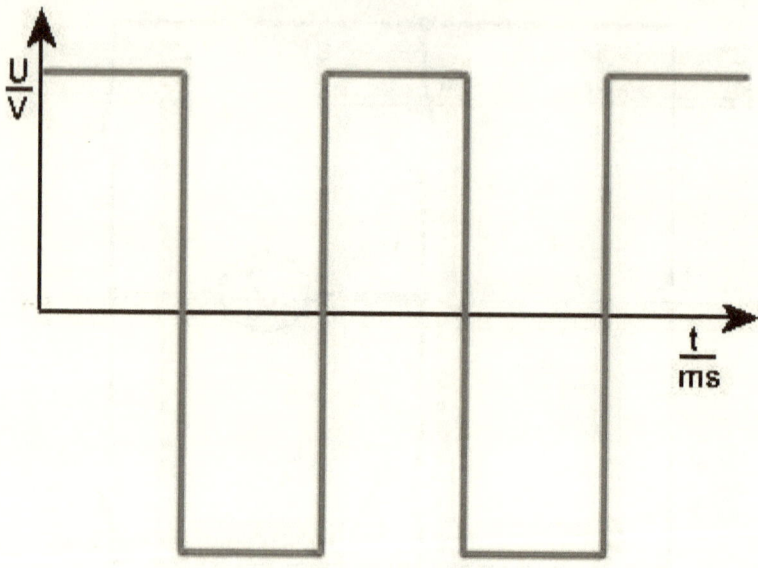

Wollten wir allerdings dahin einspeisen, wie das z.B. der Wechselrichter einer Solaranlage tut, dann müssten wir 50 Hz erzeugen, also 100-mal in der Sekunde umschalten. Zu schnell für eine mechanische oder rein elektrische Betätigung. Außerdem erzeugen wir auf die oben beschriebene Weise leider nur ein Rechtecksignal, dass zu einer Netzspannung nicht passt.

Abbildung 23

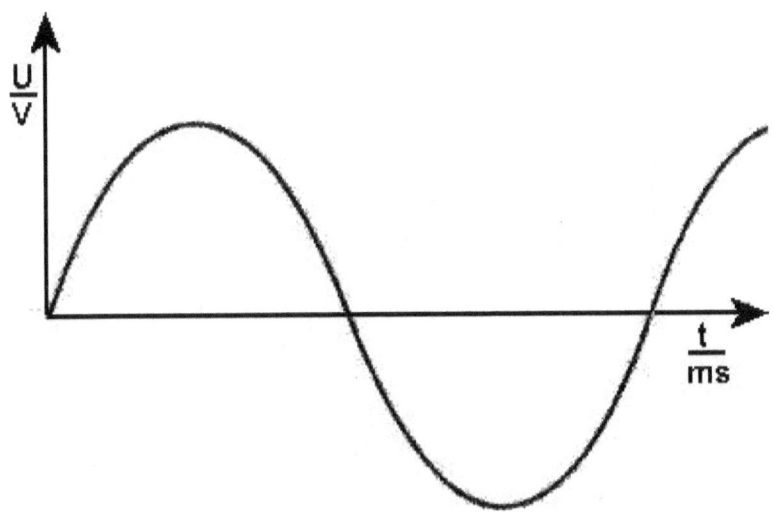

Das ist der Verlauf, den wir brauchen, schön sinusförmig. Unten sehen Sie das Teil, das für einen Leistungstransistor steht und hier gebraucht wird, insgesamt vier Mal um die mechanischen Schalter zu ersetzen. Mit Leistungstransistoren sind Schaltfrequenzen von 10.000 Hz und mehr möglich. Also bleiben noch ca. 100 Schaltvorgänge innerhalb einer Sinusschwingung übrig. Und sollte dieser Transistor zu warm werden, lässt er sich auf der Rückseite mit Kühlblech und Wärmeleitpaste versehen.

Abbildung 24

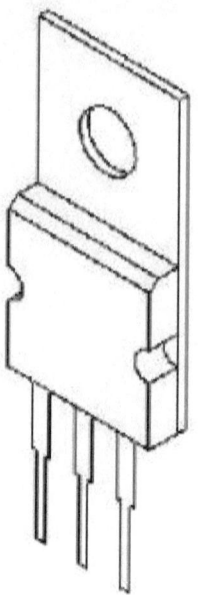

Natürlich muss er noch entsprechend angesteuert werden. Diese Steuerung nutzen wir für eine sogenannte Pulsweitenmodulation. Die kommt inzwischen auch im Kraftfahrzeug recht häuft vor. Stellen sie sich nur vor, dass man den Ventilator für die Innenraumlüftung auf die vierte Stufe ausgelegt hat und die übrigen durch Zwischenschalten verschiedener Widerstände realisierte.

Die konnten, je nach Leistung des Motors so heiß werden, dass man sie in einem Lüftungskanal deponieren musste. Heiß werden deutet auf Energieverschwendung hin und die sollten wir uns nicht mehr leisten. Heute wird der Motor in den schwächeren Stufen von einer Elektronik so schnell angesteuert, dass durch die Pausen eine Abschwächung der Motorleistung entsteht.

Abbildung 25

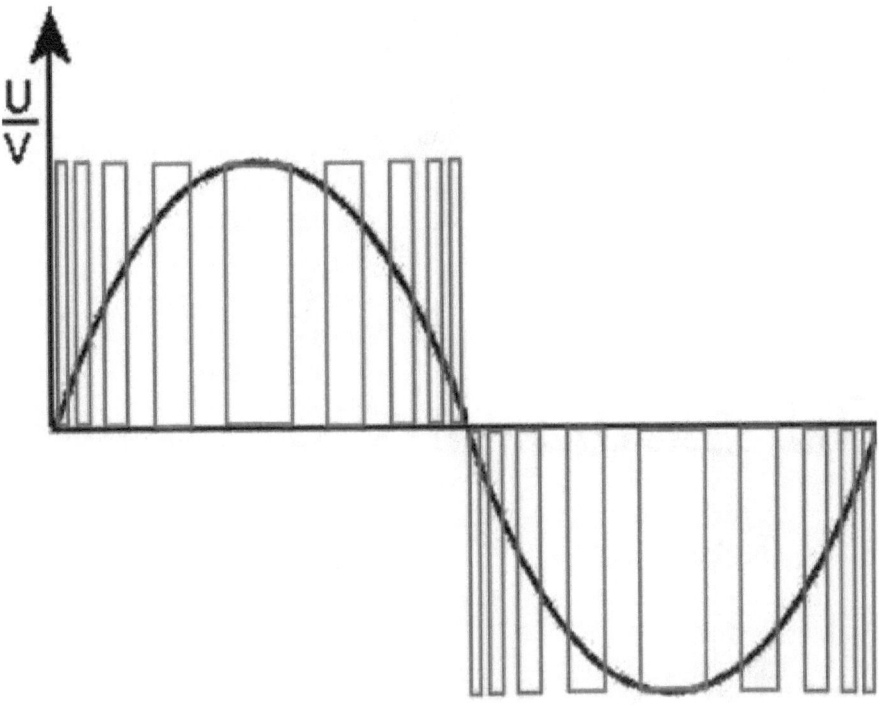

Hier sehen Sie, wie die Einschaltzeit für den Ausgang einer solchen PWD-Schaltung zur größten Schwingungsweite hin verlängert und dann wieder kürzer wird. Natürlich würde so eine grobe Teilung zu einer gestuften Sinusschwingung führen. Also ist die Ansteuerung mit der geschilderten Technik viel feiner. Und natürlich kann damit nicht nur die Amplitude, sondern auch die Frequenz verändert werden, genau das, was man zum Regeln des Motors braucht.

Das wäre also das einigermaßen komplette Schaltbild, wie aus dem Gleichstrom der Hochvoltbatterie die drei Phasen für den Elektromotor werden. Man spricht von Brücken, in denen sich jeweils zwei Schalter befinden und Halbbrücken mit jeweils einem Schalter. Eine Brücke wäre somit eine Senkrechte zur Erzeugung von jeweils L1, L2 und L3. Die Schalter steuern jetzt die Pulsweitenmodulation.

Die Steuerung der einzelnen Schalter muss exakt aufeinander ausgerichtet sein, ebenso wie ganz oben die von Hand betätigten. So folgen die Brücken einander jeweils um 120° versetzt. Gleichzeitig werden die beiden Schalter der Halbbrücken jeweils exakt entgegengesetzt angesteuert.

Man spricht von Komparatoren, wenn es um die Steuerung der Schalter geht. Diese brauchen den Verlauf einer Sinuslinie, wenn sie diese durch Pulsweitenmodulation nachbilden sollen. Die ebenfalls wichtige Taktung erfolgt durch schnelle Schwingungen, die aufgezeichnet wie Dreiecke aussehen. Es wird also bei jeder Schwingung an der Sinuskurve quasi Maß genommen und dieses als Impuls- und Wartelänge an den jeweiligen Schalter weitergegeben.

▢▋▎▏ Elektrizität 3

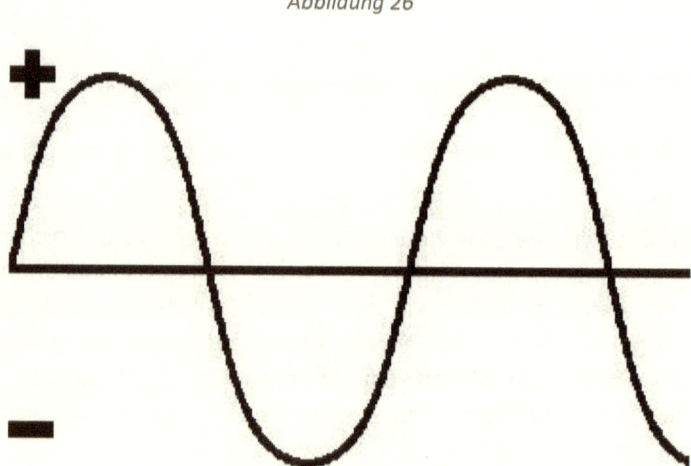

Abbildung 26

Sie ahnen es vermutlich schon, dass nun genau der umgekehrte Weg beschrieben wird, nämlich einen Wechselstrom umzuwandeln. Oben haben wir dazu ein klassisches Beispiel mit sinusförmiger Kurve. Und unten sehen Sie einen wichtigen Halbleiter dazu, nämlich eine Diode. Die lässt ja bekanntermaßen Strom bis zu einem gewissen Grad nur in einer Richtung durch.

Abbildung 27

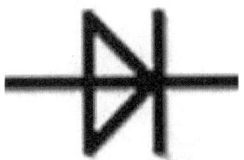

Leider macht das eine einzige Diode mit einer unangenehmen Begleiterscheinung. Sie schneidet eben einfach nur die Kurve im unteren Quadranten komplett weg. D.h. hier gibt es einen riesigen Energieverlust, den wir uns natürlich nicht erlauben können, ganz abgesehen von der Wärme an der Diode selbst, die noch zusätzlich abgeführt werden müsste.

Abbildung 28

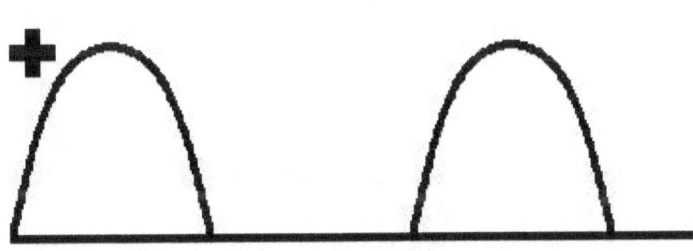

So lückenhaft verliefe dann die Ausgangsspannung. Wären diese positiven Spannungsverläufe ganz nah beieinander, könnte man die effektiv dauerhaft abzugreifende ziemlich weit oben, also so bei Zweidritteln der Maximalspannung als gerade Linie einzeichnen. So aber sackt diese ein ganzes Stück weit nach unten.

Abbildung 29

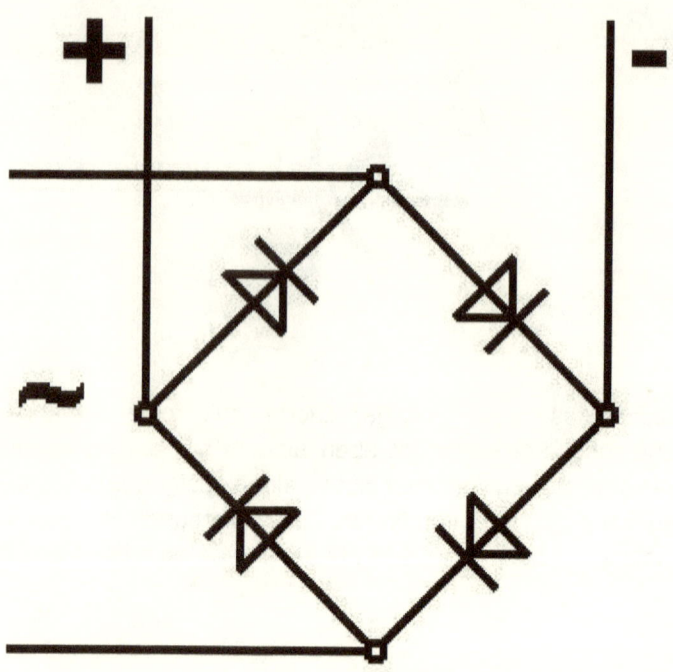

Aber es gibt eine technische Lösung dieses Problems. Man muss statt einer vier Dioden verwenden und die in der oben gezeigten Art verschalten. Was passiert da eigentlich? Schauen wir uns einfach einmal die unterste waagerechte Linie, den einen Pol der ankommenden Wechselspannung an.

Hier kann ja gegenüber dem anderen Pol bekanntlich positive oder negative Spannung vorliegen. Positive leitet die untere linke Diode direkt durch zum positiven Pol des Gleichstrom-ausgangs. Der Weg zum negativen wird durch die untere rechte Diode verhindert. Negative Spannung unten links wird zum Minuspol des Gleichstrom-Ausgangs durchgelassen, der Weg zum positiven Pol entsprechend verhindert.

Abbildung 30

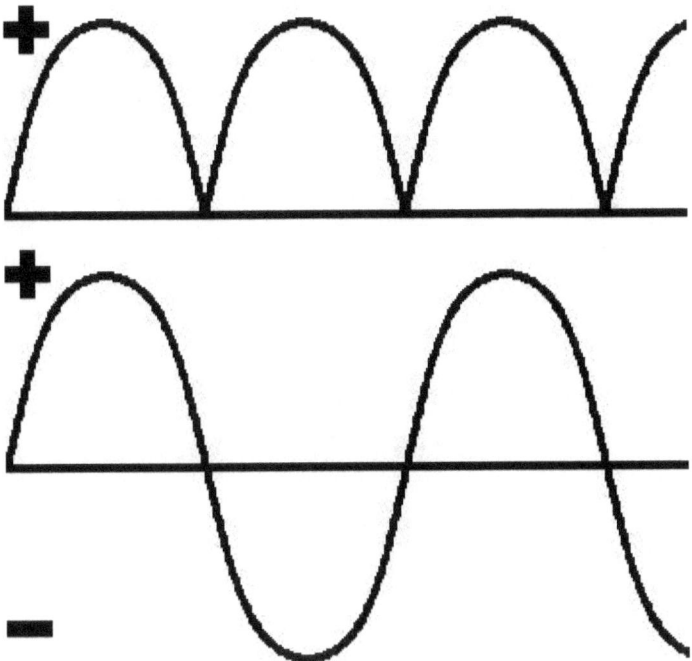

Das Ergebnis sehen Sie hier: Die negative Ausprägung des Spannungsverlaufs wurde in eine positive umgewandelt, negative Halbwellen sozusagen nach oben umgeklappt. Jetzt kann man die effektiv dauerhaft erzielbare Spannung ungefähr bei Zweidritteln der Maximalspannung annehmen.

Abbildung 31

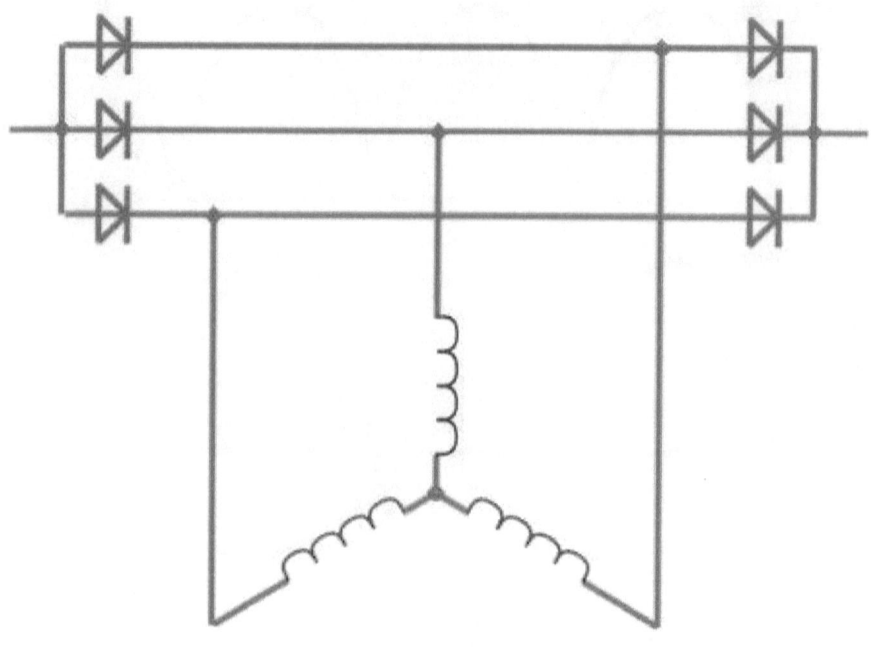

Natürlich wollen wir die Problemlösung auch auf dreiphasigen Wechselstrom übertragen. Im Kfz-Bereich kennt man diese Lösung schon so lange, wie es einen Drehstromgenerator gibt. Die drei Spannungen werden im Bild oben in den drei Wicklungen des Stators erzeugt. Zusammenführen darf man sie nicht, denn sie sie sind unterschiedlich, weil zeitversetzt. Aber wieder trennen die Dioden sauber Plus und Minus, vermeiden also jeglichen Kurzschluss.

Abbildung 32

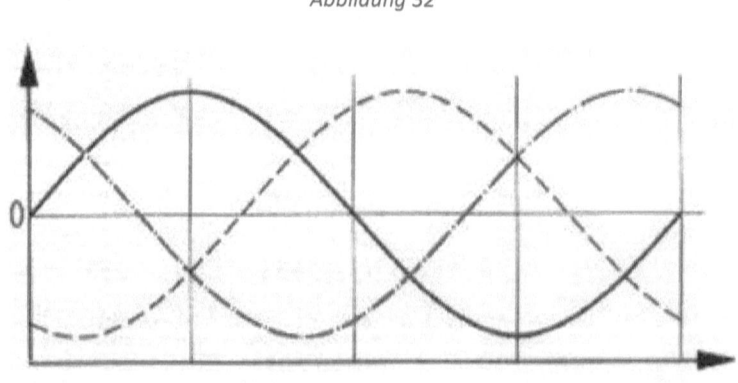

Im Bild unten haben wir nicht nur die neue, noch viel höhere Wirklinie, sondern die einzelnen Spitzen, die sozusagen im Dauerbetrieb nicht erreicht werden. Es wird deutlich, dass durch die ursprünglich ineinander verschachtelten Sinuskurven die Verluste beim Übergang von Wechsel- zu Gleichstrom noch einmal deutlich verringert werden konnten.

Abbildung 33

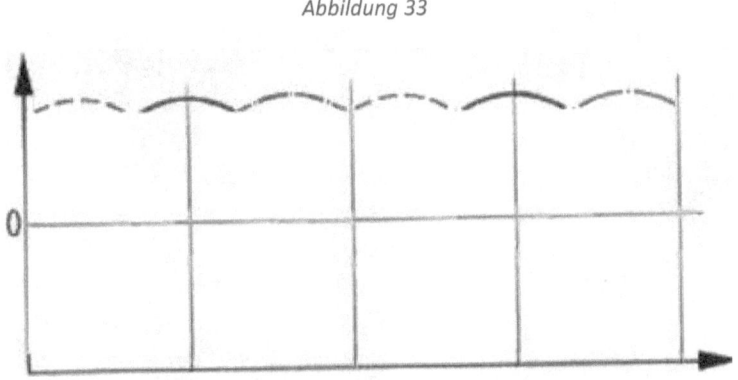

▢❙❙❙ Umrüstzeiten

Abbildung 34

Brabus-V12 - Wie lange noch?

Ist der Verbrennungsmotor so rasch zu ersetzen, wie es manche meinen, die um ihren Arbeitsplatz fürchten? Man spricht von jeweils bis zu 100.000 bei den Herstellern und Zulieferern. Wie schon an dieser Stelle ausgeführt, dauert es rein rechnerisch 20 Jahre und dann laufen viele immer noch, neben den zuletzt produzierten auch die von Oldtimern Faszinierten.

Aber dann dürften ab sofort nur noch E-Autos gebaut werden. Werden aber nicht, weil nicht genügend Kunden/innen vorhanden sind. Je ärmer das Land, desto weniger. Und was machen wir mit den Lastwagen, für die es außer im Verteilerverkehr noch gar keinen elektrischen Ersatz gibt? Ob die Bahn schafft, was sie in 50 Jahren nicht geschafft hat?

Ein kluger Mensch hat gesagt, es könne gar keinen Mangel an fossilen Brennstoffen geben, weil, sobald ein Mangel wirklich sichtbar würde, die Preise enorm stiegen. Allerdings können die Preise auch fallen, wenn zu viel Konkurrenz vorhanden ist. Und was machen wir mit der erneuerbaren Energie, die wir nicht direkt verbrauchen?

Ohne Verbrennungsmotor und teure Speicher bleibt da nur die Brennstoffzelle. Aber bei der scheint sich Hybrid-Pionier Toyota nicht annähernd so grandios durchzusetzen. Und die anderen folgen. Daimler kommt jetzt auch langsam ans Licht, nach Jahrzehnten an Forschung, aber nur im großen SUV. Schauen Sie sich die massiven Sicherungen gegen einen Crash der Wasserstoffbehälter an.

Natürlich ist es konsequent, mit der Abschaffung des Verbrennungsmotors auch die Kohleverstromung zumindest zu drosseln. Aber dann dauert es noch länger, bis genügend erneuerbare Energie für Kraftfahrzeuge zur Verfügung steht. Die Kosten tragen eher die Steuerzahler als die Energieunternehmen.

Letztere waren zwar nicht so schlau, rechtzeitig auf regenerative Energie umzurüsten, haben sich aber über Jahrzehnte in die Finanzierung von Städten und Gemeinden eingeschlichen und haben diese beim Protest gegen allzu schnelle Umrüstung auf ihrer Seite. Schon ist durch die vergleichsweise harmlose Abschaltung von sieben Kernkraftwerken in manchen Städten der Etat für den öffentlichen Nahverkehr akut gefährdet.

Außerdem scheint der Bedarf an Dienstleistung im Bereich Kraftfahrzeug in den letzten Jahrzehnten eher noch zugenommen zu haben, wenn auch nicht bei Wartung und Reparaturen. Aber auch letztere wird es weiterhin geben, denn machen denn wirklich die Reparaturen an Verbrennungsmotoren hier den Hauptteil aus? Wie hoch ist deren Wartungsanteil und wer repariert die noch tiefgreifend?

Allerdings tut der- bzw. diejenige in diesem Beruf gut daran, sich beizeiten ein breiteres Wissens- und Erfahrungsspektrum zuzulegen, um rechtzeitig durch etwas höhere Qualifizierung einer langfristig drohenden Arbeitslosigkeit zu begegnen. Trotz allem aber wird es auch weiterhin noch lange Otto- und auch Dieselmotoren geben.

Beispiel gefällig: Die letzte Dampfmaschine des Rheindampfers Goethe ist erst 2008 durch eine dieselhydraulische Einheit ersetzt worden. Nach Wikipedia hat das über 700.000 Euro gekostet. Weit über 100 Jahre hat der Dampfantrieb die Geburt des Dieselmotors überlebt und offensichtlich glaubt man bei der Betreibergesellschaft auch jetzt noch nicht an einen baldigen Wechsel auf rein elektrische Energie.

Beunruhigend ist allerdings die Tatsache, dass die deutsche Automobilindustrie schon Anteile an der Produktion künftiger E-Mobile abgegeben zu haben scheint. Denn schon Daimler produziert trotz sich enorm vergrößernder 'Batteriefabrik' nur deren Adaptionen fürs Auto und BMW plant offensichtlich das gleiche.

Bleibt nur noch die Hoffnung, dass zumindest VW hier großflächiger einsteigt und wir nicht insgesamt in Abhängigkeit von Zellen-Herstellern geraten. Das könnte dann vielleicht Tesla sein, das sich zwar durch Partnerschaft mit Panasonic nicht völlig unabhängig macht, aber doch viel entscheidender an der so wichtigen Batterie-Entwicklung teilhat.

▢||| Hybrid 1

Abbildung 35

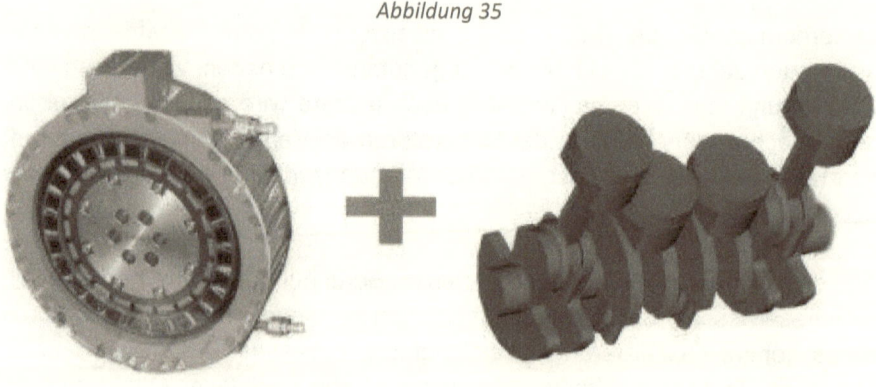

Wenn man den Vorhersagen trauen darf, dann steigt der Bedarf an Hybriden in den nächsten Jahren bzw. sogar Jahrzehnten sogar noch mehr, um dann irgendwann von den reinen Elektrofahrzeugen überholt zu werden. Erstaunlich für so einen Zwitter aus Verbrennungs- und Elektromotor, aber keineswegs verwunderlich, wenn man z.B. die EU-Regelungen kennt. Denn die begünstigen den Hybridantrieb in ungeahnter Weise.

Allen Fahrzeugen werden die ersten 100 km bezüglich ihres CO_2-Ausstoßes angerechnet, nur die Ladung der Batterie vor dem Start nicht. Da ist geradezu eine Tür geöffnet worden für alle diejenigen Hersteller, die bestimmte Vorschriften nicht schaffen, zumal diese demnächst wohl auch noch um 35 Prozent verschärft werden. Theoretisch könnte man die Batteriekapazität so stark erhöhen, dass man die 100 km rein elektrisch schafft.

Das macht man natürlich nicht, denn dann wäre die Sachlage ja evident. Jeder würde merken, dass bei den weiteren hundert Kilometern mit ganz anderen CO_2-Werten zu rechnen ist. Und wer lädt schon seinen Plug-In-Hybrid nach jeweils 100 km wieder auf? Da kann man ja gleich ein reines Elektroauto kaufen.

Es müssen noch nicht einmal Plug-Ins, als wieder aufladbare Hybride sein, die Herstellern aus der Bredouille helfen. Obwohl, ab einer gewissen Größe der Batterie macht es schon Sinn, diese auch aufladbar zu gestalten. Vermutlich wird hier die Kapazität eher größer werden, während die nicht wieder aufladbaren Hydride schon jetzt eher kleinere Batterien erhalten, siehe Toyota.

Die Weiterentwicklung der Hybride ist z.B. wegen E-Motor und Batterie fast zwangsläufig mit der von reinen Elektromobilen verbunden. Aber es gibt auch noch eine eigene Linie, entlang derer sie weitere Fortschritte machen. Da diese Mobile fast immer von Fahrzeugen mit Verbrennungsmotor abstammen, gibt es verschiedene Anordnungen von Batterie und Motor.

Abbildung 36

Hier das Beispiel des Volvo XC 90 AWD, der einen zusätzlichen Komplettantrieb für die Hinterachse anbietet. Damit fällt natürlich auch Stauraum für die Batterie weg, die nun unter einer erhöhten Mittelkonsole Platz finden muss. Unten sehen Sie so eine Möglichkeit bei einem Plug-In-Hybrid. Der Platz des Reserverades wird für Batterie und Ladeeinrichtung genutzt, allerdings auch noch ein Teil vom Gepäckraum.

Abbildung 37

Komplizierter ist der Mitsubishi Outlander PHEV, der auch noch 2019 als der meistverkaufte Plug-In-Hybrid der Welt gilt. Er hat zusätzlich zwei Elektromotoren, davon einen für die Hinterachse. Der andere unterstützt den Verbrennungsmotor direkt. Das ist trotz dessen hohem Drehmoment bisweilen auch nötig, denn der läuft immer nur in einem Gang, braucht also kein Getriebe.

Abbildung 38

Die wohl bei Allradantrieb am meisten verbreitete Anordnung ist die mit einem Elektromotor im Kupplungsgehäuse oder direkt dahinter im Automatikgetriebe (Bild unten). Dadurch ist der Umbau auf Hybridantrieb jedenfalls auf den E-Motor recht einfach. Bisweilen wird durch Ersatz des Wandlers durch eine Reibungskupplung noch nicht einmal mehr Platz verbraucht. Alle weiteren Komponenten des Antriebs bleiben unberührt.

Abbildung 39

. Ach ja, da sind dann noch die Unterscheidungen, grundsätzliche Einteilungen, durch die stürmische Entwicklung meist über den Haufen geworfen. Parallel sind im Prinzip alle Hybridantriebe, sogenannte serielle gibt es in Reinkultur nicht. Warum? Weil es wenig Sinn macht, chemische in elektrische und dann in mechanische Energie umzuwandeln.

Ja, manche haben sich so benannt, z.B. der Chevrolet Volt bzw. Opel Ampera. Wir werden noch sehen, dass es bei ihm trotzdem eine mögliche mechanische Verbindung vom E-Motor zum Achsantrieb gibt. Honda propagiert das im CR-V. Aber ausschließlich den E-Motor mit Strom zu versorgen, das macht bei beiden keiner der Verbrennungsmotoren. Es ist immer nur in einem ganz bestimmten Modus der Fall.

Am nächsten kommt dem seriellen Hybrid der Range Extender. Da der aber z.B. im BMW i3 optional ist, kann man auch ihn nicht so recht zu dieser eigentlich nicht existierenden Gruppe zählen. Außerdem wird der Range Extender nur im Notfall gebraucht. Der Verbrauch ist so hoch, dass die maximal neun zur Verfügung stehenden Liter nur für ca. 100 km reichen. Da könnte man sich auch ein Notstromaggregat in den Gepäckraum stellen und das ganze einen seriellen Hybrid nennen.

Auch die Unterscheidung zwischen Mikro- und Mildhybrid gerät so langsam ins Abseits. Definiert man sie durch Start-Automatik und Rekuperation, dann ist erstere schon in unglaublich vielen Fahrzeugen herkömmlicher Bauart vorhanden. Von denen rekuperieren manche auch schon. Sind das alles Mildhybride?

Und was ist, wenn sich die 48V-Technik massenhaft durchsetzt, Starter und Generator in einem Gerät, Anfahren auch rein elektrisch möglich, Verbrenner wird nachher dazu geschaltet? Was ist das dann, ein Mikro- oder ein Mildhybrid? Immerhin zeigt das Beispiel, dass Hybridtechnik sich auch in ganz kleinen Dosen in der Welt der reinen Verbrennungsmotoren verbreiten kann?

◻▮▮▮ Hybrid 2

Abbildung 40

Das Bild zeigt eine wichtige Baugruppe des Toyota Prius von 1997, dem ersten serienmäßig hergestellten Hybridantrieb, der vom Prinzip her bis heute der genialste geblieben ist. Hier sind ein Vierzylinder mit 57 kW (78 PS) und ein E-Motor mit 50 kW (68 PS) auf eine technisch sehr interessante Weise und mit einem für die Zeit besonderen CO_2-Wert von 104 g/km gekoppelt. Doch zunächst sei hier der Versuch gestartet, einem bekannten Vorurteil zu begegnen.

Es ist eben nicht so, dass ein Hybridantrieb nur im Stadtverkehr Kraftstoff einspart bzw. CO2-Ausstoß mindert und auf der Fernstrecke nicht, dort wegen dem Zusatzgewicht der elektrischen Anlage sogar etwas mehr verbraucht. Es kann auch auf der Langstrecke gespart werden, weil durch die Anwesenheit des zusätzlichen Elektroantriebs beim Verbrenner eine sogenannte Lastpunktverschiebung möglich wird.

Und überhaupt, wo soll denn das Mehrgewicht sein? Spätere Generationen des Prius bzw. des Auris/Yaris haben immer weniger Batteriekapazität bis hinunter zu 1,3 kWh. Es gibt zwar noch zwei E- Antriebe, aber dafür weder Kupplung, noch Getriebe oder Generator bzw. Starter. Da halten sich das Mehrgewicht und auch der Mehrpreis erkennbar in Grenzen. Man darf nicht vergessen: Ein Toyota- Hybrid sollte grundsätzlich mit einem Automatik-Fahrzeug verglichen werden.

Wie schon angedeutet, beginnen wir die Beschreibung dieses Hybridantriebs beim Motor, greifen sogar zurück auf den sogenannten Atkinson-Zyklus, der später von Miller weiterentwickelt wurde. James Atkinson hat den Kreisprozess des Viertaktmotors entscheidend verändert. Am besten klären wir das an dem Bild unten, das einen Einzylinder am Ende des Arbeitstakts zeigt.

Abbildung 41

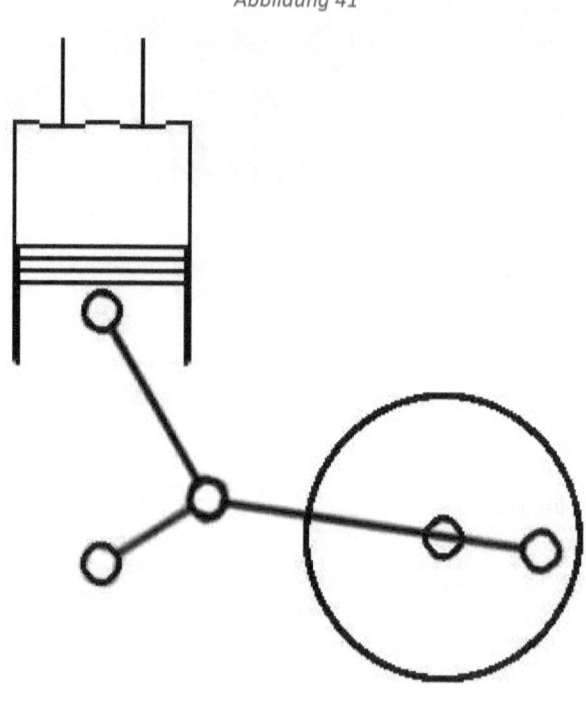

Der Kolben steht tatsächlich auf UT, denn der weiter mögliche Weg der Kurbelwelle links wird nicht genutzt. Entscheidend ist die Welle rechts, die das Drehmoment letztlich zum Antriebsstrang hin überträgt. Es ist also neben der Kurbelwelle noch eine zweite Welle nötig.

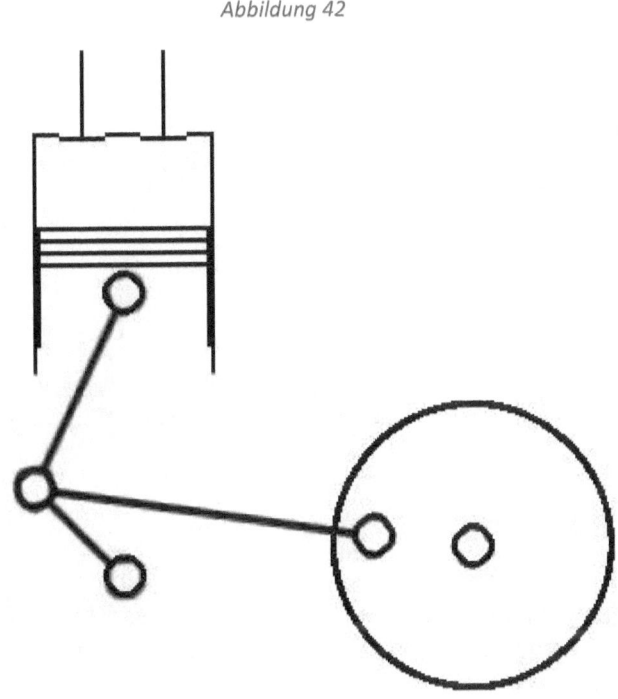

Abbildung 42

Jetzt werden Sie sich mit Recht fragen, was der ganze Aufwand soll. Vergleichen Sie die beiden Bilder, stellen Sie fest, dass hier zwar jedes Mal UT erreicht wurde, aber der Kolben am Ende vom Einlasstakt in der unteren Darstellung deutlich höher stehen geblieben ist. Der Arbeitstakt hat also den längeren Hub und das ist gewollt.

> Zusatznutzen durch längere Expansion ...

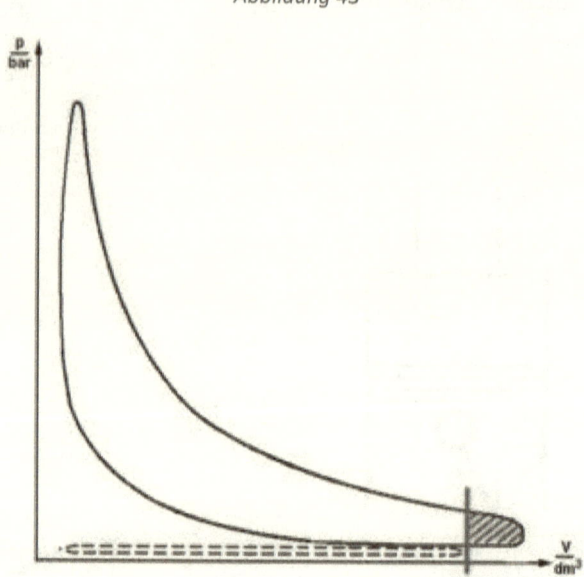

Abbildung 43

Atkinson ging nämlich davon aus, dass durch diese Maßnahme der noch vorhandene Arbeitsdruck viel besser ausgenutzt werden kann, als ihn durch Öffnen des/der Auslassventils/e einfach nur abzulassen. Das ist eigentlich seine Grundthese, völlig unabhängig von dem hier gewählten Versuchsaufbau. Es sollte nur an einem Beispiel gezeigt werden, dass unterschiedliche Hübe im Vergleich von Einlass- zu Arbeitstakt mechanisch möglich sind. Die Zeichnung in Atkinsons US-Patent ist ähnlich, wenn auch etwas komplizierter.

Abbildung 44

Nein, wie Sie an dem Bild erkennen können, ist der Prius-Motor so kompliziert nicht aufgebaut. Er hat wie beinahe jeder andere Hubkolbenmotor auch 'nur' eine Kurbelwelle und, mittlerweile auch Standard, eine Möglichkeit zur Steuerung der doppelten Nockenwellen. Und jetzt kommt die Weiterentwicklung von Miller ins Spiel.

Denn ab jetzt ändert sich die unterschiedliche Länge der genannten Takte nicht mehr über die Mechanik, sondern steuert die Füllung über die Ventilsteuerung. Das funktioniert übrigens auch bei einem Verbrennungsmotor ohne einen elektrischen Hilfsmotor, z.B. im Zusammenhang mit Aufladung. Man schreibt also Atkinson für den Teillastbereich eine Verringerung der Füllung durch besonders spätes und Miller durch besonders frühes Schließen des Einlassventils zu.

In beiden Fällen wird eine geringere Füllung erreicht. Diese wird jetzt mit dem mechanisch gegebenen Verhältnis verdichtet, was nicht nur einen geringeren Spitzendruck, sondern auch einen geringeren Enddruck im Arbeitstakt ergibt. Die Expansion des verbrennenden Luft-Kraftstoff-Gemisches wird also besser ausgenutzt.

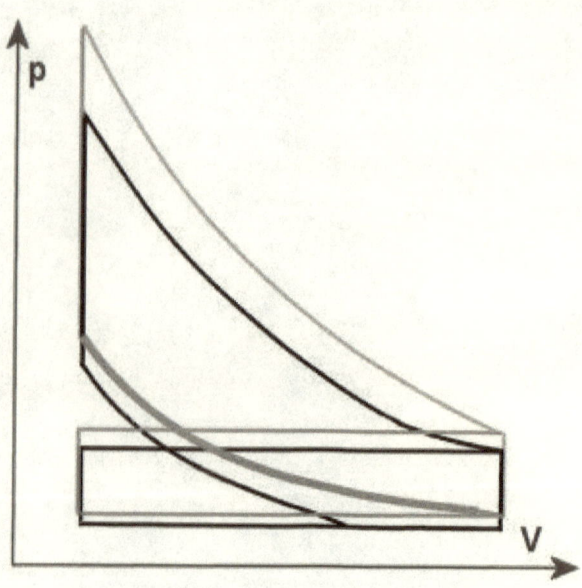

Abbildung 45

Hier noch einmal der Versuch, die Abläufe jeweils im geschlossenen Kreisprozess darzustellen. 'V' stellt dabei den zur Verfügung stehenden Raum dar, in beiden Fällen sich gleich verändernd, weil sich am geometrischen Verdichtungsverhältnis nichts geändert hat. 'p' zeigt für die größere Füllung (grau) und die geringere (schwarz) die entsprechenden Drücke an.

Oben die beiden Takte Verdichten und Arbeiten, unten Ausstoßen und Ansaugen. Wenn die Flächen der geleisteten Arbeit entsprechen, müsste deren Gewinn oben von Grau gegen Schwarz größer sein als der entsprechende Unterschied unten. Arbeit kommt also bei größerer Füllung heraus, aber der entscheidende Punkt ist die dazu in jedem der beiden Betriebsbereiche aufgewendete Energie.

Zusätzlich hat eine Regelung der Frischgaszufuhr durch Ventilsteuerung den Vorteil, dass zumindest in diesen Betriebsbereichen die Drosselklappe weiter als nötig geöffnet werden kann. Der Motor wendet also weniger Saugarbeit auf, die sonst durch die Drosselung der Drosselklappe nötig wäre. Ein wichtiger Zusatznutzen kann durch eine besondere Erhöhung des geometrischen Verdichtungsverhältnisses erzielt werden.

Es gibt nämlich viele Betriebsbereiche, da wäre eine solche Erhöhung hoch willkommen, um einen höheren Wirkungsgrad zu erreichen. Ein kalter Motor etwa verträgt viel mehr Verdichtung, ohne an die Klopfgrenze zu gelangen. Frühe Versuche bei Motoren mit variabler Verdichtung haben in manchen Bereichen bis zum Doppelten der Verdichtung erreicht. Zusatzeffekt bei kaltem Motor, er wird schneller warm.

Natürlich hat eine bestimmte technische Ausrichtung nicht nur Vorteile, sonst könnte man noch glauben, in weniger Füllung läge das Heil eines Verbrennungsmotors. Auch eine zu geringe Verdichtung ist und bleibt nicht optimal sowohl für das Leistungsverhalten als auch für den Verbrauch. An den Grundprinzipien der Kfz-Technik kann auch ein Toyota-Hybrid nicht rütteln.

Die Frage ist nur, ob diese Nachteile nicht durch die oben beschriebenen Vorteile, nämlich die Expansionsenergie länger zu nutzen und Drosselverluste zu vermeiden mehr als aufgehoben werden. Offensichtlich schon, denn nicht zu schnell bewegte Toyota Prius fallen auch auf der Langstrecke durch günstige Verbräuche auf. Zudem senken niedrigere Abgastemperaturen auch die NOX -Emissionen und man erspart sich ganz oder teilweise Abgasrückführung.

Wir werden noch sehen, wie wichtig nicht nur in diesem Zusammenhang die Regelung aller Komponenten ist. Trotzdem bleibt als Tatsache übrig, dass die mögliche Hubraumleistung so bewusst nicht ausgenutzt wird, offenbar das Gegenteil von Downsizing. Das wäre nicht weiter schlimm, könnte man doch bei Volllast alle Systeme wieder in die 'Normalstellung' bringen, aber was ist mit plötzlichem Beschleunigen?

Da ist dann der Elektromotor mit seiner zum Verbrenner umgekehrten Drehmoment-Charakteristik, nämlich viel bei unteren und weniger werden bei höheren Drehzahlen, schon sehr hilfreich, ermöglicht mithin die Sparorgien des Benzinmotors. Unten im Bild sehen Sie, wie der E-Motor eingebunden ist. Sehr wichtig: Es ist eine Darstellung, die das Prinzip verdeutlichen soll.

Abbildung 46

Es ist nämlich völlig klar, dass der Prius bis auf den heutigen Tag zwei Elektromotoren und ursprünglich sein Drehmoment über eine Kette an den Achsantrieb übertragen hat. Also hier haben wir jetzt einen Vierzylinder mit dem Sonnenrad verbunden, einen E-Motor mit dem Planetenradträger und einen Abtrieb mit dem Hohlrad.

Schon sehr angenehm ist das Losfahren, denn es geschieht in der Regel rein elektrisch. Also kein Start-Stopp wie man es kennt, indem es erst losgeht, wenn der Verbrennungsmotor gestartet wurde. Nein, der Motor würde in diesem Fall stillhalten und die sich auf dem Sonnenrad abwälzenden Planetenräder wirken auf das Hohlrad.

Hier schon der erste Nachteil unserer Skizze, denn der Motor würde wohl nicht stillhalten. Auch deshalb ein zusätzlicher E-Motor. Wir fahren durch ein Neubaugebiet und beschleunigen auf 50 km/h, wodurch sich ruckfrei der Verbrenner einschaltet. Die Elektrik dreht zwar mit, erzeugt aber jetzt im günstigsten Fall Strom und bestimmt dadurch das Übersetzungsverhältnis. Je mehr sie abbremst, desto kleiner die Übersetzung und schneller das Fahrzeug.

Natürlich hält in der Praxis noch ein zweiter Motor gegen und nur einer von beiden kann auch als Generator arbeiten, aber die grundsätzliche Funktion ist die gleiche. Rückwärts geht es, wenn der hier gezeigte E-Motor schneller als der Verbrenner dreht oder dieser blockiert. Im Prinzip also ein gewaltig schwer regelbares Zusammenwirken von Benzin- und Elektromotor ohne Kupplung und Schaltgetriebe auf einem Achsantrieb.

Abbildung 47

kfz-tech.de/YeD1

▭▮▮▮ Hybrid 3

Abbildung 48

Obwohl die Konstrukteure/innen des Toyota Prius im Prinzip nur Komponenten benutzten, die es schon lange gab, ergibt deren Kombination bisher nie Dagewesenes. So trägt er vielleicht seinen Namen zurecht, der so viel bedeutet, wie eine technische Führung zu übernehmen. Sehen Sie sich nur die Kupplungsglocke oben an, die gar keine Kupplung beherbergt.

Abbildung 49

Dahinter ist auch kein Drehmomentwandler angeordnet, wie man es vielleicht erwarten könnte, sondern der kleinere der beiden Elektromotoren mit Anschluss zur Flüssigkeitskühlung. Der größere folgt achsparallel weiter hinten. Dazwischen, mit einem Punkt gekennzeichnet, ein Planetengetriebe mit Kettenverbindung zum Achsantrieb. Das sind alles nur Zutaten für eine jederzeit formschlüssige Verbindung, sehr gut zur Vermeidung von Verlusten.

Angeblich hat schon Kiichiro Toyoda 1928 einen hohen Preis für die Suche nach einer Batterie ausgesetzt. Man stand noch ganz am Anfang und hätte ebenso gut schon damals mit dem Einstieg in die Elektromobilität beginnen können. Vielleicht wären der Firma ein paar der sich ergebenden Probleme erspart geblieben.

Aber die Elektromobilität hatte zu jener Zeit ihren Höhepunkt längst überschritten. Wir betrachten jetzt den Prius der dritten Generation:

Abbildung 50

Das ist der Chevrolet Volt, der Vorgänger des Bolt. Im Gegensatz zu diesem handelt es sich hier um einen Hybridantrieb, damals heiß ersehnt als Zeichen, dass auch GM in der Lage ist, technologisch mit der Zeit zu gehen. Eigentlich der einzige Hybrid, von dem der Hersteller behauptet, er sei ein serieller.

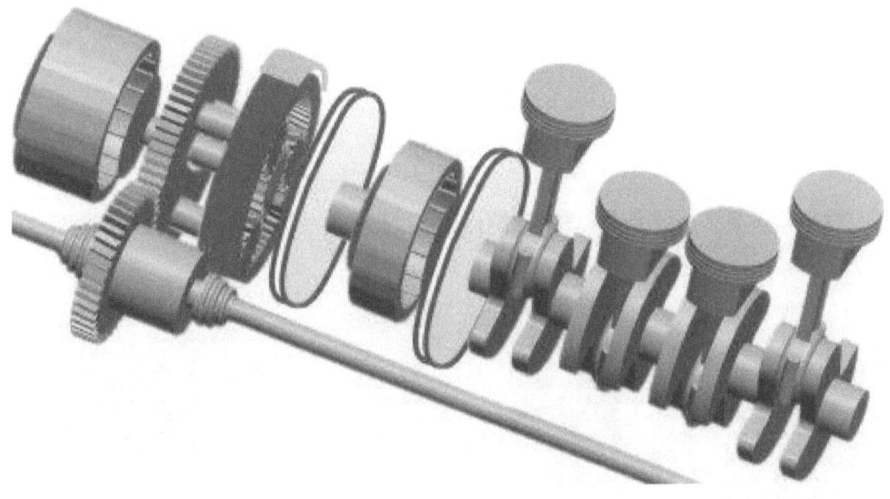

Abbildung 51

Ist er natürlich nicht, wie das Bild oben beweist, denn der Motor liegt in einer Achse mit dem Elektroantrieb. Dazwischen sogar so etwas wie eine Kraftverzweigung. Ob sich hier Ähnlichkeiten mit dem Antrieb des damals schon längst existierenden Prius auftun? Auf jeden Fall nicht ganz so genial, denn es finden sich hier zwei Kupplungen, wodurch kein durchgehender Betrieb, sondern einer in verschiedenen Modi ergibt.

Es kann also der Motor gemeinsam mit dem E-Motor ganz links das Fahrzeug antreiben. Es ist aber auch möglich, dass einerseits dieser E-Motor allein antreibt und der Verbrenner den Generator zwischen den beiden Kupplungen. Das wäre dann der Betrieb als serieller Hybrid und den hat man bei GM besonders herausgestellt.

▭||| Hybrid 4

Abbildung 52

kfz-tech.de/YeD2

Wir kommen noch einmal mit Nissans e-Power auf den sogenannten seriellen Hybrid zurück. Schauen Sie sich einmal auf dem Bild oben oder im Video die einzelnen mechanischen Verbindungen an. Links der Verbrennungsmotor, über eine kleine Kupplung mit dem Räderwerk verbunden. Rechts oben der E-Motor, der angeblich immer den Wagen antreibt und rechts unten der E-Motor, der wahlweise auch als Generator arbeitet.

Sie können hoffentlich einwandfrei erkennen, dass nur der Verbrennungsmotor von diesen formschlüssigen Verbindungen abkoppelbar ist. Nach hinten geht es übrigens zum Achsantrieb der Vorderachse. Um als serieller Hybrid gelten zu können, müsste es vom Verbrennungsmotor eine

Verbindung zum Generator unten rechts und gleichzeitig, getrennt davon, eine vom E-Motor darüber zum Antrieb hinten geben.

Was Sie sehen, ist, dass alles friedlich miteinander rotiert. Die Konstruktion hat also gar keine Chance, als serieller Hybrid zu funktionieren. Es kann lediglich beim Anfahren und bis zu einer niedrigen Geschwindigkeit auf den Verbrennungsmotor verzichtet werden. Der Satz von Nissan: 'Der Benzinmotor lädt ausschließlich die Batterie auf.' ist so nicht haltbar.

Hinzu kommt, die gesamte Konstruktion taugt weder zur Lösung unserer Klima-Probleme, noch für saubere Luft in der Stadt, denn für Letzteres ist die Batterie mit 1 kWh oder etwas darüber einfach zu klein. Stünde deren gesamte Kapazität zur Disposition, wären im günstigsten Fall 7 bis 8 km drin. Aber man kann die Batterie natürlich nicht völlig leerfahren.

Übrigens gilt dieses Argument auch zwar nicht für die Plug-Ins, aber für die Hybride von Toyota. Ich selbst habe den Prius II mit 1,3 kWh nie über 30 km/h hinaus rein elektrisch fahren können. Immer ging sofort der Verbrennungsmotor an. Der Nachfolger hatte zwar eine größere Batterie, aber inzwischen ist man wieder bei etwa dieser Kapazität angelangt.

> **Die Bezeichnung 'Serieller Hybrid' nährt die Vermutung, man haben einen neuen Hybridantrieb erfunden oder den bestehenden entscheidend weiterentwickelt.**

Und warum geben zwei nicht ganz unwichtige japanische Hersteller von Automobilen an, serielle Hybridtechnik entwickelt zu haben Ganz einfach, in Japan und vermutlich auch China ist 'Hybrid' offensichtlich noch mehr in als auf deren anderen Exportmärkten ein Kaufargument. Da die Aufpreise wegen der kleinen Batterien moderat bleiben, ist ein Hybrid erschwinglich. Toyota hat bekanntlich das Eis für die damals noch völlig unbekannte Technik gebrochen.

> **Immerhin sind weltweit bisher über 10 Millionen Fahrzeuge mit Hybridantrieb verkauft worden.**

Die Konkurrenten wünschen sich einen Teil des Kuchens und die Verkaufszahlen des Nissan Note e-Power geben dem Hersteller recht. Demnächst will man das System auch in Europa einführen. Aber die

Raffinesse der Lösung von Toyota hat der Nissan nicht, kann nur, wie allerdings Toyota auch, die Vorteile des Miller-Verfahrens für sich verbuchen.

Warum haben wir den seriellen Hybrid doch noch einmal aus der Mottenkiste geholt? Weil besonders die Firmen Nissan, Honda mit diesem Hybrid und Mazda mit der sogenannten Kompressionszündung (Skyactive-X) dazu übergehen, mit falschen Behauptungen den Markt zu fluten und alle, die nur eine Pressemitteilung lesen können, verbreiten das bedingungslos.

Bisher galten die Modelle Chevrolet Volt, Opel Ampera als Beispiele für serielle Hybride. Chevrolet nannte dazu vier mögliche Modi, von denen einer den Verbrennungsmotor doch mit dem Antrieb verband. Man konnte aber nicht nachweisen, wie häufig das geschah. Immerhin war hier, wie vermutlich auch beim Honda CR-V und Jazz Hybrid, ein serieller Modus möglich. Im Falle Nissan ist jetzt der Beweis der Unmöglichkeit gegeben.

Einen echten seriellen Hybrid in einer großen Serie gibt es nicht und er macht auch keinen Sinn. Sogar einer der letzten Range Extender, der beim BMW i3, ist inzwischen nicht mehr verfügbar.

Abbildung 53

kfz-tech.de/YeD3

◨||| Plug-In-Hybrid

Abbildung 54

E-Motor zwischen Verbrennungsmotor und Automatik

Es mag ja vielleicht ganz spezielle Anwendungen für Plug-In-Hybride geben, aber bei Licht betrachtet hilft so ein Fahrzeug eigentlich den Herstellern, am meisten denen im Luxus-Segment. Die haben nämlich ihre liebe Not, bevorstehende CO2-Vorschriften mit entsprechend angedrohten Strafzahlungen einzuhalten und bedienen sich deshalb einer Praxis, die man eigentlich nur als Gesetzeslücke bezeichnen kann.

So geht das mit vielleicht gut gemeinten Ausnahmeregelungen, denen immer auch ein wenig der Ruch des Lobbyismus anhaftet. Man wollte die Nutzung der E-Mobilität stärken und hat deshalb dem entsprechenden NEFZ-Test die Ausnahme beigefügt, dass die Energie frisch geladener Hochvoltbatterien in Plug-In-Hybriden nicht mitgezählt wird.

Jetzt kann natürlich der Hersteller eines sagen wir einmal 300 g/km ausstoßenden Verbrennungsmotors die elektrische Energie so dosieren, dass der Motor nur noch während eines Drittels der ersten 100 Kilometer läuft und damit das Niveau eines Klein- oder inzwischen auch Kompaktwagens suggeriert.

Er könnte den CO2-Ausstoß mit einer größeren Batterie ganz auf Null bringen, aber dann wäre ja die Manipulation allzu offensichtlich. Deshalb kann man ziemlich zuverlässig vorhersagen, wie sich die elektrischen Fähigkeiten von Plug-In-Hybriden mit starken Verbrennungsmotoren entwickeln werden.

Natürlich ist man bei den nächsten 100 Kilometern wieder im Modus vor der Hybridisierung dieses Fahrzeugs. Eigentlich ist es sogar noch schlimmer geworden, weil jetzt die ganze elektrische Zusatzeinrichtung samt Hochvoltbatterie mitgeschleppt werden muss. Und welche(r) Fahrer/in macht sich die Mühe, während einer Langstreckenfahrt zusätzlich alle 100 km die Batterien aufzuladen?

Man hat im Gegenteil eher die Vermutung, dass auch die eigentlich recht bequem durchzuführende Aufladung zuhause oft unterlassen wird. Da kommt dann schlussendlich das Gegenteil von Nutzen für den Klimaschutz heraus. Und dann werden beim Kauf eines solchen Fahrzeugs z.B. in Deutschland auch noch 3000 Euro kassiert, die Hälfte davon als Steuergeld.

Klar, wenn jemand einen ca. 50 Kilometer entfernten Arbeitsplatz hat und sowohl dort und zuhause immer schön auflädt, das Fahrzeug womöglich noch vom Betrieb subventioniert wird, dann kann sich ein Plug-In-Hybrid lohnen. Immerhin erspart er oft gegenüber einem reinen E-Mobil einen Zweitwagen. Allerdings kommen Plug-In-Hybride in der gegenwärtigen politischen Landschaft nicht ganz so gut an, werden eher als für wohlhabendere Klassen subventioniert angesehen.

▢▥ Plug-In mit Zukunft?

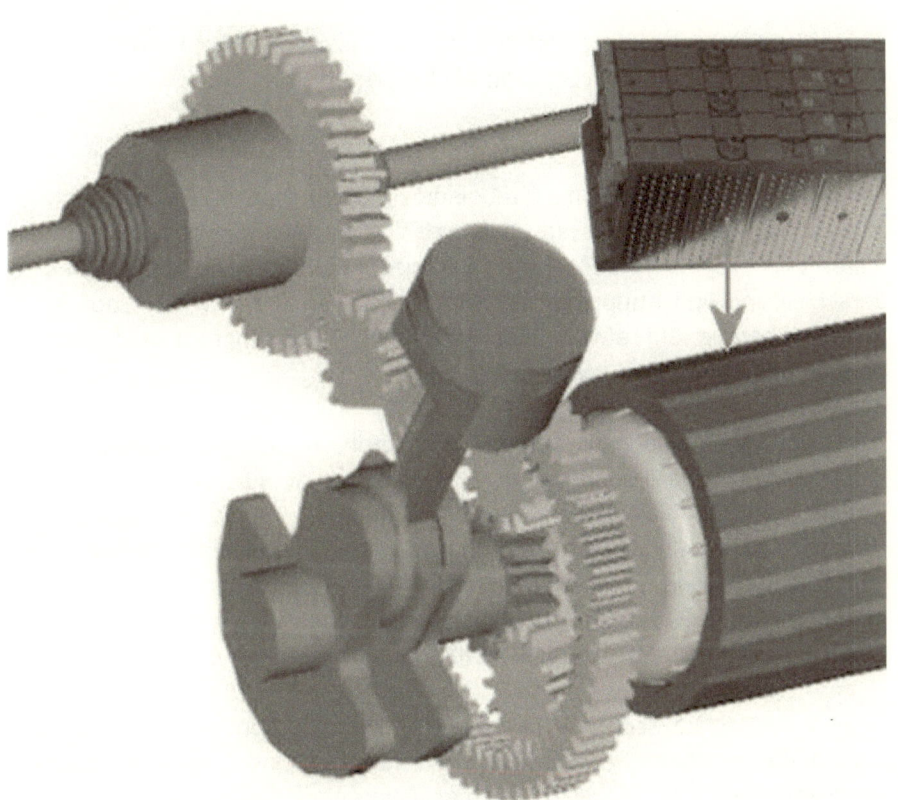

Abbildung 55

Lassen Sie sich einmal von einer steilen These verblüffen, die im Moment absolut nicht gesellschaftsfähig scheint: Der Plug-In-Hybrid könnte länger überleben, als es uns im Moment geboten erscheint. Er müsste sich nur schon bald verändern. Gewisse, noch schwer erkennbare Anzeichen dafür sind vorhanden.

Welche Anzeichen sind das? Der Gesetzgeber plant die Förderung eventuell an noch längere elektrische Reichweiten zu knüpfen. Es gibt auch schon zumindest ein chinesisches Auto, das die Forderung übererfüllt. Es ist der Coffee 01 von Wey aus dem Konzern Great Wall Motors. Leider ist es ein SUV, aber als Plug-In mit immerhin 41,6 kWh.

Auch hat der Wagen Frontantrieb, was wir sehr begrüßen. Wäre er kleiner, leichter und windschnittiger, er könnte schon den Grundstein für unser Projekt bilden. Natürlich wäre eine noch größere Batterie nicht zu verachten. Wo wir hinwollen? Ganz einfach zu einem batterieelektrisch angetriebenen Fahrzeug, das zufällig noch einen Verbrennungsmotor an Bord hat.

> Irgendwo habe ich gelesen, Toyota hätte die Patente für den Hybridantrieb freigegeben.

Nein, keinen Vierzylinder mit Turbolader. Viel zu groß und damit auch zu schwer. Wir denken, dass so etwas mit 100 kg Mehrgewicht abzuhandeln wäre. Vom Toyota Prius nehmen wir die Drehmomentwaage, also keine verschleißanfällige Kupplung. Der Motor sollte auch nur in der Lage sein, unser Fahrzeug auf etwas über 100 km/h Autobahngeschwindigkeit zu bringen und dabei den Lkws zu entgehen.

Wer nicht genau hinschaut, bemerkt den Verbrenner im Antriebsstrang noch nicht einmal. Das könnte auch - die Idee stammt von Mazda - ein Kreiskolbenmotor sein. Nein, besonders sparsam ist der vielleicht nicht, obwohl er ja grundsätzlich mit ein und derselben Drehzahl laufen soll. Nein, kein serieller Hybrid. Er läuft im rein elektrischen Betrieb mit oder bleibt durch einen Freilauf stehen. Man könnte ihn also auf so etwas wie die Drehzahl des höchsten Drehmoments bzw. die Nenndrehzahl optimieren.

Ist er in der Mitte zwischen E-Motor und Planetengetriebe angeordnet, dann könnte dessen Antrieb durch die Exzenterwelle hindurchgeführt werden. Umgekehrt wäre das noch viel leichter. Noch einfacher wäre es mit einem Einzylinder. Sie glauben gar nicht, wie wenig kW (PS) für so eine Autobahngeschwindigkeit nötig sind. Ein wenig hätte dies natürlich Ähnlichkeit mit einem Notlauf, aber das wäre gewollt. Nein weder Turbolader noch besondere Abgasentgiftung wäre nötig, ein Mini-G-Kat würde reichen.

> Eine besondere Regelung des E-Motors kann auch einem Einzylinder Manieren beibringen.

Viel kann man auch über die Rohemissionen regeln. Aber stellen Sie sich vor,

Sie fahren batterieelektrisch mit einem vollen kleinen Tank. Ladestationen verlieren ihren Schrecken, denn wenn die Navigation dereinst noch besser wird, erfahren Sie noch auf der Autobahn, dass dort ein Stau herrscht. So können Sie sich in Ruhe eine andere Station suchen. Und was noch besser ist, Ihre elektrische Reichweite wächst, denn Sie können viel näher an den absoluten Nullpunkt heranfahren.

Gerade Fahrer/innen von E-Autos, die das Auto im Sommer gekauft haben, können oftmals nicht abschätzen, wie stark die Reichweite bei winterlichen Temperaturen abnimmt. Glauben Sie nicht, dass so ein Fahrzeug Chancen auf dem Markt hätte, auch wenn die Förderprämie dereinst langsam gegen Null gefahren wird? Genuss ohne Reue, denn man hat es ja in der Hand, wie oft und wie lange man im Notlauf fahren muss.

Und kommen Sie mir ja nicht mit dem Gewichtsnachteil. Ein Fahrzeug mit zwei kompletten Antrieben vorn und hinten dürfte mit Sicherheit schwerer sein. Und kein Hahn kräht nach der Verschwendung. Man sollte sich in diesen Kreisen endlich einmal darüber klar werden, ob man nun das maximal Mögliche für den Klimaschutz tun will oder seinen völlig sinnlosen Beschleunigungsorgien frönen, von dem dabei entstehenden Feinstaub erst gar nicht zu reden.

Sie glauben, so ein Auto würde die nächsten Euro-Normen schaffen? Immerhin gibt es hier Grenzwerte für NO_x und CO_2. Es dürfte doch leicht sein zu ermitteln, welchen Schadstoffausstoß der kleine Motor hat und seine Laufleistung entsprechend der Kilometerzahl des Autos zu begrenzen. Dann gibt man Warnungen ähnlich bei einem fast leeren AdBlue-Tank und irgendwann ist Schluss, bis der Wagen wieder mehr elektrische Kilometer hat.

▢||| **Brennstoffzelle 1**

Abbildung 56

Ein Auto mit Brennstoffzelle ist zunächst einmal ein ganz normal rein elektrisch angetriebenes Fahrzeug. Es fühlt sich auch so an, egal ob man selbst oder nur mitfährt. Ein Elektromotor entnimmt Energie aus einer Hochvoltbatterie, die allerdings bedeutend kleiner ausfällt. Es kann jedoch, zumindest im Versuchsfahrzeug, zu Geräuschen z.B. durch den zusätzlich eingebauten Luftverdichter kommen.

Abbildung 57

1994 Das erste **N**ew **E**lectric **Car** von Daimler-Benz

Abbildung 58

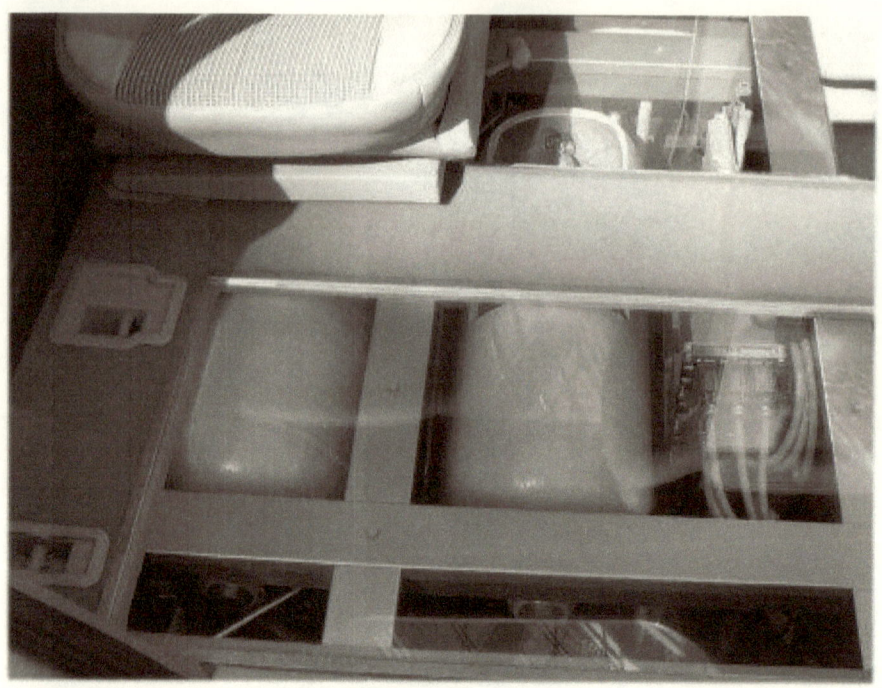

Die allermeisten Komponenten sind in diesem, ab 1998 von der A-Klasse abgeleiteten Versuchsfahrzeug im sogenannten Sandwichboden untergebracht, wo sich beim Modell mit Verbrennungsmotor die 12V- Batterie, der Tank und die Auspuffanlage aufhalten. Um diese Baugruppen herum der stabilitätsfördernde Rahmen, im Bild oben die Tanks und unten die Hochvolt-Batterie beherbergend.

Abbildung 59

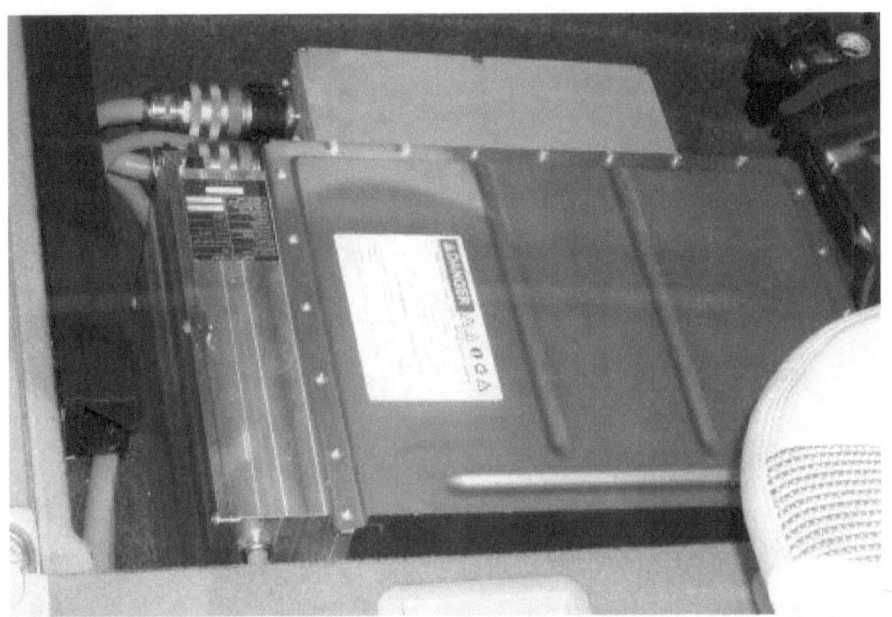

1839 erfindet Sir William Robert Grove die Brennstoffzelle. Danach wird es still um diese Kraftquelle. In den 60ern experimentieren die NASA und GM damit und die Militärs wollen U-Boote damit ausrüsten. Später werden daraus Hybridantriebe mit Dieselmotoren. Die Idee eines Fahrzeugantriebs kommt deutlich später, inzwischen zur Marktreife getrieben von Honda, Toyota und Hyundai.

Abbildung 60

Ein Auto mit Brennnstoffzelle tankt eigentlich nur reinen Wasserstoff in Gasform. Ihn als Flüssigkeit zu tanken und in diesem Zustand zu halten, ist angesichts eines Schmelzpunktes von -260°C wohl nicht ratsam. Also braucht man einen erheblich höheren Druck als beispielsweise 200 bar bei Erdgas. 350 oder meist 700 bar scheinen sich als Standard zu etablieren.

Abbildung 61

Früher waren nur Stahltanks diesen Drücken gewachsen, heute nimmt man dazu Carbonfaser-Verbundwerkstoffe. Unbedingt erwähnen muss man jedoch, dass solche Tanks besonders gegen Beschädigung von außen geschützt sein müssen. Allerdings soll es zwar mit dem richtigen Sauerstoffanteil explodieren können (Knallgas), aber durch seine Flüchtigkeit weniger heftig als Benzin.

Abbildung 62

Honda FCX Syncronmotor, 272 Nm, 60 kW (82 PS), Brennstoffzelle Polymerelektrolyt 78 kW (106 PS), max. Tankdruck 500 bar, Fassungsvermögen 3,75 kg 350 bar, Reichweite355 km Leergewicht 1.680 kg,160 km/h,ab 2008

Abbildung 63

▥ Brennstoffzelle 2

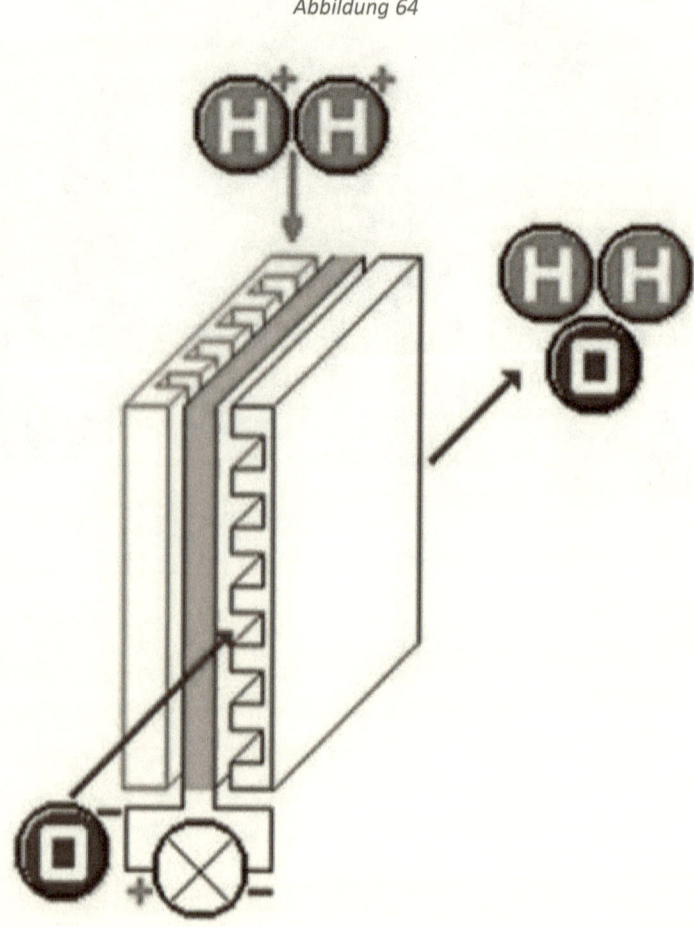

Abbildung 64

Bei der Brennstoffzelle mit **P**roton **E**xchange **M**embran wird, wie im Bild oben dargestellt, Wasserstoff links und Sauerstoff rechts an der Membran vorbeigeleitet, beides schön durch diese getrennt. Wie es der Name der Membran schon sagt, ausgerechnet Protonen lässt sie durch auf die andere Seite.

Hier die gut 10 bis über 30 mm dicken Module . . .

Abbildung 65

Die andere Seite hat dadurch mehr positive Ladung. Das zieht die verbleibenden negativ geladenen Elektronen an, die dann über die Stromleitung zur anderen Seite gelangen und dabei elektrische Energie abgeben. Es ist zwar etwas komplizierter, aber letztendlich entsteht an der Seite des Sauerstoffs Wasser. Platin und Wärme helfen bei diesem Prozess.

Abbildung 66

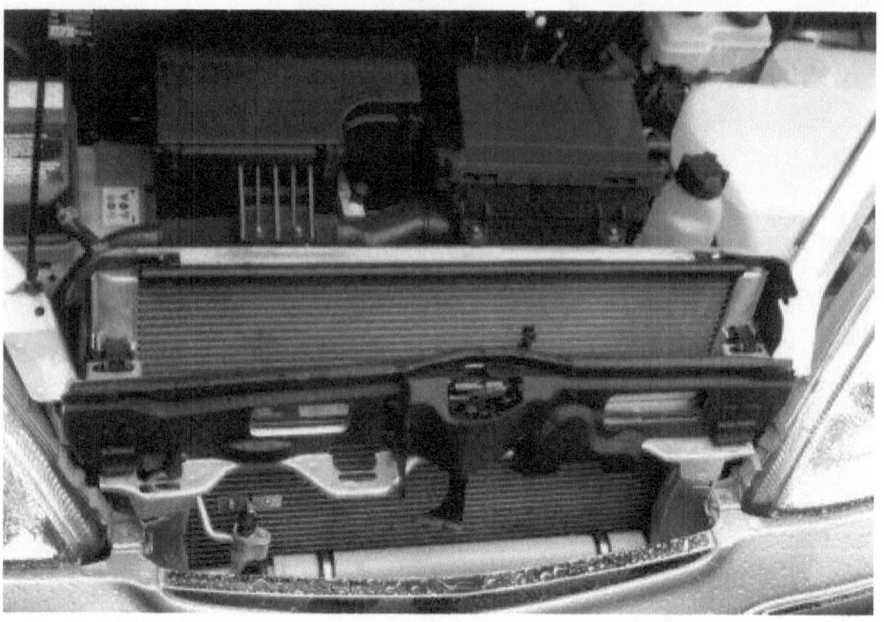

Aufwendige Kühlung nötig, gut für evtl. Innenraumheizung

Abbildung 67

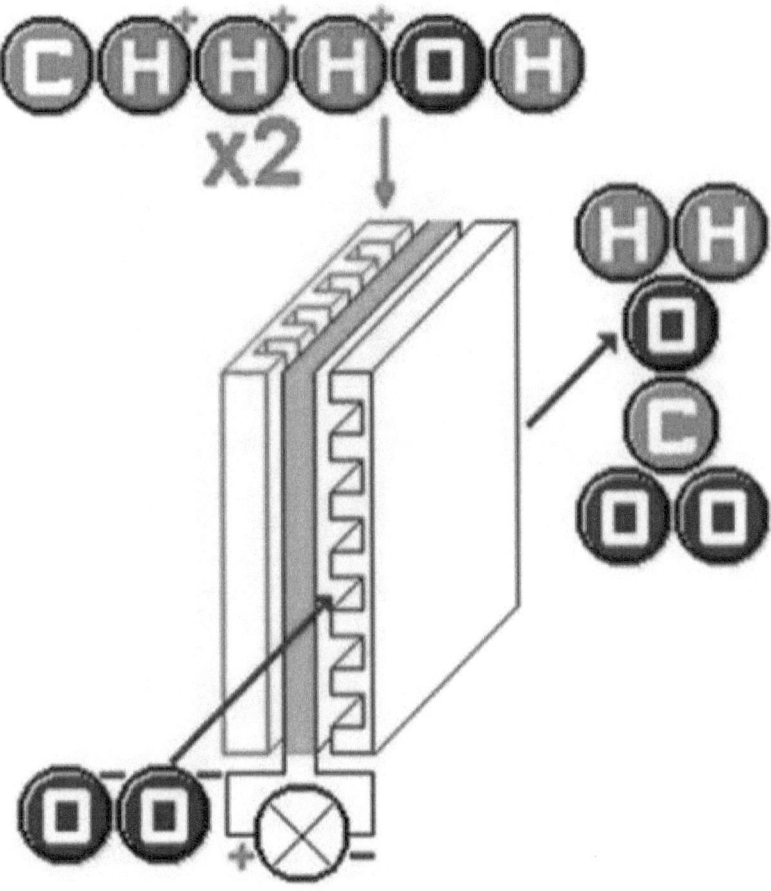

Sie sehen, die Erzeugung von Strom mit Hilfe einer Brennstoffzelle ist auch mit Methanol möglich. Das würde den Bau eines aufwendigen Tankstellennetzes ersparen. Da das aber Kohlenstoff enthält, entsteht folglich am Ende zusätzlich CO2, nicht so viel wie bei konventionellem Kraftstoff, aber das saubere Image des aufwendigen Prozesses wäre dahin.

Abbildung 68

Ähnlich verhält es sich mit der Verbrennung von Wasserstoff in einem Verbrennungsmotor. Auch möglich, aber ebenfalls nicht frei von schädlichem Output. BMW hat vor Jahren so ein System in einen 745h für Hydrogenium eingebaut. Die Tanks waren damals nur für 350 bar ausgelegt (Bild unten). Im 7er musste extra die Rücksitzbank vorverlegt werden.

Abbildung 69

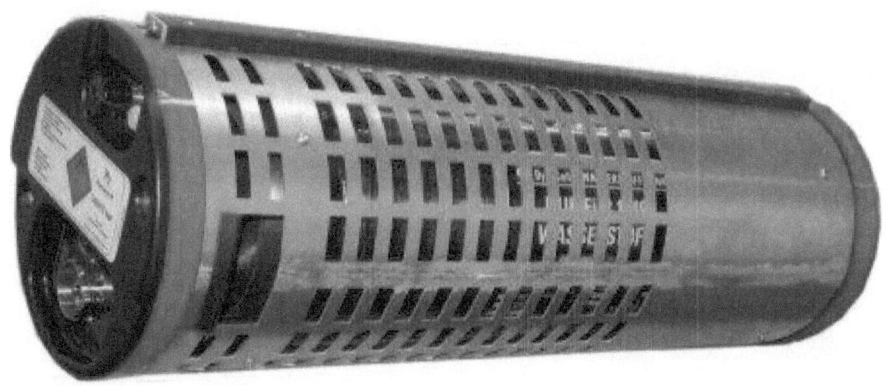

Es gibt bisher nur Versuchsanlagen, die Wasserstoff aus regenerativer Energie gewinnen. Spätestens seit Erscheinen des Mirai treibt Toyota den Bau solcher Werke massiv voran. Die Umwandlung hat zwar keinen besonders guten Wirkungsgrad, aber für ungenutzte Energie scheint dieser Weg gangbarer als die Speicherung, weil von fast unbeschränkter Verweildauer.

Abbildung 70

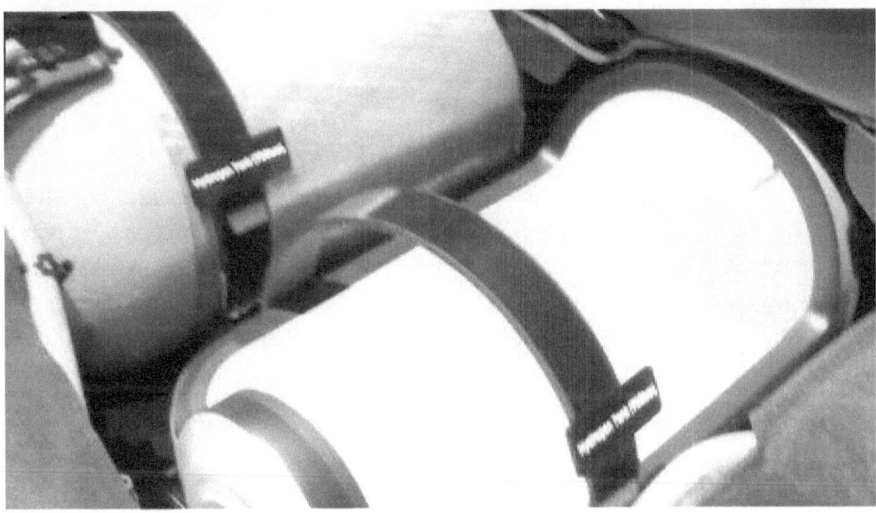

Mit dem Netz an Wasserstoff-Tankstellen will man in Deutschland ebenfalls vorankommen. bis Ende 2019 soll es ca. 100 sein. Derzeitiger 'Star' ist der Hyundai Nexo, seines Preises von 69.000 Euro, aber vor allem seiner Reichweite wegen. Die vom Hersteller angegebenen 756 km scheinen zu hoch gegriffen, aber der ADAC billigt ihm in der Praxis 540 km zu.

Hier der massive Schutz des GLC-Wasserstofftanks . . .

Abbildung 71

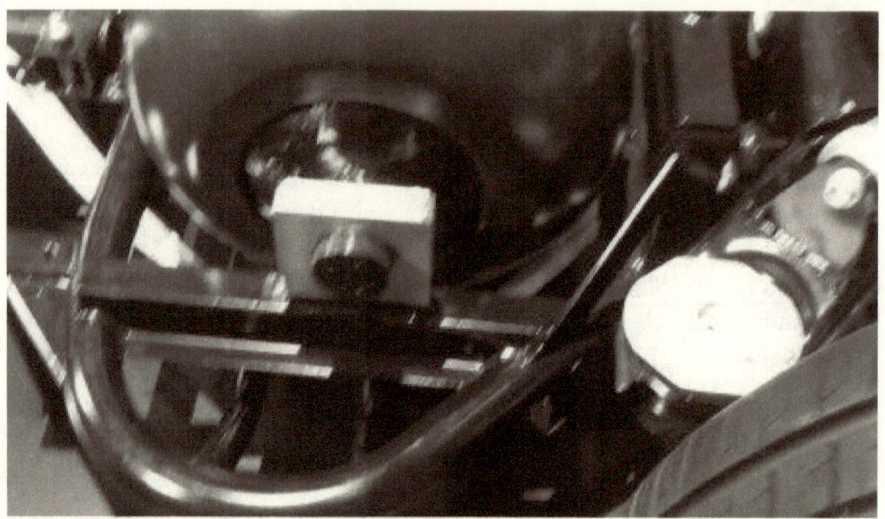

Das ist weitaus mehr, als Elektroautos in dieser Preisklasse schaffen. Deutsche Hersteller tun sich schwer. Daimler als Pionier zögert noch. Hier hat man einen GLC leider nur umgebaut. Mit dem Ergebnis zu kleiner Tanks von nur 4,4 kg gegenüber 6,3 kg beim Nexo. Da hilft dann die Aufstockung der Batterie zum einzigen Plug-In-Hybrid unter den Wasserstoff-Fahrzeugen auch nicht viel weiter.

▆❙❙❙ Wasserstoff

Abbildung 72

Sie werden es vielleicht ungern hören, aber glauben sie mir, wir brauchen mehr Mathematik, oder sagen wir wenigstens 'Rechnen'. Es würde viele Behauptungen wegen fehlendem Wahrheitsgehalt entlarven. Sie müssten sich noch nicht einmal anderswo informieren. Manche 'Tatsachenbehauptungen' erledigen sich von selbst.

Beispiel gefällig? Da gibt es einen überzeugten Anhänger von E-Autos, der behauptet, sein BMW i3s mit 42 kWh brutto und nach seiner Aussage 38 - 39 kWh netto schaffe im 'worst case', 'Heizung auf volle Pulle' im Winter auf keinen Fall weniger als 220 km. Kann man das glauben? Wenn man die 38 kWh (knapp 10 Prozent sind realistisch) durch 220 teilt, kommen 17,3 kWh/100km heraus. Das soll der höchstmögliche Verbrauch sein, wenn BMW selbst 14 - 14,6 kWh/100km angibt?

Selbiger youtuber beziffert die Energie, die zur Bereitstellung von sechs Liter Diesel nötig ist, mit 42 kWh. Wir können und wollen diesen Wert keineswegs anzweifeln. Das wären dann bei etwa 100 kWh pro Liter Diesel 42 von 600 kWh, also stattliche 7 Prozent. Aber was ist denn mit dem Strom für das Elektroauto? Selbst für die langsamste Einlagerung per Schuko zuhause wurden knapp 5 Prozent ermittelt.

Da ist der Transport zur Steckdose noch gar nicht eingerechnet. Es heißt zwar, Schnellladen sei günstiger, aber angesichts von ab 150 kW nötiger Flüssigkeitskühlung und ziemlich lauter Gebläse meist sowohl im E-Auto als auch in der Ladestation darf man da getrost ein Fragezeichen hinter setzen.

Das war aber jetzt nur die Vorspeise. Wir wollen uns in diesem Kapitel mit einer neuen Form der Nutzung von Wasserstoff beschäftigen. Bisher haben wir nur über bei tiefen Temperaturen flüssig werdenden Wasserstoff oder unter sehr hohem Druck gasförmigen berichtet. Immerhin müsste letzterer ohne irgendwelche Diffusion energieneutral lagerungsfähig sein.

Allerdings weisen die Befürworter der Liquid Organic Hydrogen Carriers, was eine Flüssigkeit bezeichnet, die Wasserstoff aufnehmen und transportieren kann, darauf hin, dass von Wasserstoff unter z.B. 700 bar eine latente Gefahr ausgeht. Zwar nicht draußen in der Atmosphäre, wo der Wasserstoff schnell entweicht, aber sehr wohl in geschlossenen Räumen.

Das gilt nicht für LOHC. Die Flüssigkeit kann in Pipelines und mit Tankwagen transportiert werden und gilt noch nicht einmal als Gefahrgut. Da sie ansonsten Benzin und Diesel ähnlich sind, könnte man die Infrastruktur der Tankstellen nutzen. Allerdings bräuchte man auch im Auto zwei Tanks, einen mit angereichertem LOHC und einen für LOHC, dem der Wasserstoff schon entzogen wurde.

Anreicherung und Entzug sind beide mit der Anwesenheit eines Katalysators und Wärmebildung verbunden. Bei der Anreicherung entsteht diese, beim Entzug z.B. im Kraftfahrzeug müsste diese hinzugefügt werden. Deshalb denkt man schon wieder an einen Verbrennungsmotor, der auf Wasserstoff läuft, oder man benutzt eine Brennstoffzelle, deren Wirkungsgrad sich allerdings wegen dem Wärmeentzug verschlechtern würde.

Und hier kommt wieder die Mathematik ins Spiel. Wenn Sie sich das Bild oben anschauen, dann entdecken Sie eine Zahl, nämlich die Wasserstoffkapazität der Trägerflüssigkeit, die 2,1 kWh/kg beträgt. Wenn Sie diese mit dem

Heizwert pro kg z.B. bei Dieselkraftstoff vergleichen, erhalten Sie 45,4 WJ. Diese mit 3,6 multipliziert ergibt 12,6 kWh. Diesel enthält also exakt 6 Mal so viel Energie wie LOHC.

Halt, bevor sie jetzt die Flinte ins Korn werfen, sollten Sie bedenken, dass die Verarbeitung von Dieselkraftstoff im Verbrennungsmotor mit vermutlich höheren Verlusten geschieht als die Herauslösung des Wasserstoffs zur Stromgewinnung in einer Brennstoffzelle und Umwandlung in Bewegungsenergie in einem Elektromotor. Trotzdem scheinen im Moment noch riesengroße Mengen LOHC nötig und das auch noch in zwei Tanks. Die Befürworter sprechen deshalb auch eher von einer Nutzung von LOHC in Gebäuden.

Allerdings sollte man LOHC auch mit unseren heutigen Batterien vergleichen. Audi gibt für den e-tron das Batteriegewicht mit etwa 700 kg an. Bei wohlmeinenden 90 kWh Nettokapazität wären das 1,3 kWh pro kg. Sie sehen also, hier wäre LOHC überlegen, allerdings die Brennstoffzelle und eine Pufferbatterie nicht mitgerechnet.

ID.3 Battery Sizes

45 kWh: 330 km (205 mi)
58 kWh: 420 km (261 mi)
77 kWh: 550 km (342 mi)

*WLTP estimates

▢||| Wasserstoff-Zukunft

Abbildung 73

 kfz-tech.de/PeD8

Man fasst es nicht, manche schon als unsinnig erkannte Technologien geistern immer noch durch die Landschaft. Daimler hat Jahrzehnte lang an der Brennstoffzelle geforscht und schließlich die ganze Technologie eingestampft. Jetzt wird sie durch die Aussicht auf Subventionen wieder hervorgeholt, zum Glück wohl nur für Lkw.

Für den Pkw bleibt in the long run praktisch kein Vorteil übrig. Der einzige, nämlich die größere Reichweite, wird irgendwann in Frage gestellt werden, denn es ist gar nicht zu bestreiten, dass die Batterien immer mehr Strom pro Kilogramm werden speichern können. Ob sie allerdings der Wasserstofftechnologie beim Lkw gleichkommen? Vom Gewicht her wohl kaum, höchstens von Volumen her.

Und trotzdem muss man die Frage nach dem Wirkungsgrad und den Kosten stellen. Inzwischen gibt es schon Experten, die sagen, drei Viertel der Energie gehen durch Aufbereitung von Wasserstoff, dessen Bereitstellung an der Tankstelle und im Fahrzeug auf dem Weg zum Antrieb verloren. Wir bleiben da bei zwei Dritteln. Fast so schlimm scheint die Kostensituation zu sein.

Eine Tankstelle für Wasserstoff können Sie einfach nicht mit einer Ladesäule vergleichen. Angeblich kostet die eine Mio. Euro. Dann gehen die Befürworter hin und beziehen die größere Reichweite auf das nötige Tankstellennetz. Aber würde der/die Besitzer/in eines Autos mit Brennstoffzelle akzeptieren, wenn die nächste sagen wir 50 km entfernt wäre. Also 100 km fahren um danach durchschnittlich 60 km pro Tag zurückzulegen?

Der Vorteil der batteriebetriebenen Fahrzeuge ist eben, dass sie fast jede(r) zuhause oder sehr in der Nähe laden kann. Und würde die Bundesregierung nicht neuerdings mit der Verpflichtung zum Laden mit Karte z.B. die Einrichtung von Laternenladen verhindern, dann wäre der Unterschied zwischen dieser Art und der Einrichtung teurer Tankstellen noch größer. Diese Verpflichtung ist deshalb unsinnig, weil wir mit aller Kraft an einer Identifizierung a la Tesla arbeiten müssen.

Was für eine schöne Welt, denn in der Regel würde auch das Laden mit 3,6 kW ausreichen und bei einem solchen Überfluss an Ladesäulen muss man auch nicht mitten in der Nacht das Auto wegsetzen. Noch eine Anmerkung allerdings: Irgendwo hoch dort droben müsste eine Kamera installiert sein, die genügend lange aufzeichnet, um Vandalismus zu bekämpfen. Allerdings sind auch diejenigen wichtig, die zuhause laden.

Denn bei 11 kW ist durchaus ein Hin- und Rückladen möglich. Wie schon berichtet, gibt es bereits jetzt Möglichkeiten, das E-Auto größtenteils mit Strom zu laden, der z.B. nachts übrig ist und für den Deutschland vielleicht sogar noch zahlen muss, damit Nachbarländer ihn abnehmen. Fehlt nur noch das Entnehmen von Strom aus Elektroautos zu Spitzenzeiten im Verbrauch. Kohle würde dann als Grundlast endgültig obsolet werden.

Und das einzig verbleibende Argument für Wasserstoff auch im Pkw wäre damit auch nicht mehr gegeben. Das sagt jetzt gar nichts über den Aufbau einer Wasserstoffwirtschaft. Beim Lkw können die Tanks z.B. mit 300 bar gefahren werden, was sie leichter macht, etwas ungefährlicher und der

Tankstelle diese enormen Drücke erspart. Und für Flugzeuge scheint es im Moment gar keine andere Lösung zu geben.

Allerdings sind hier die Hürden trotzdem noch besonders hoch, wenn man z.B. weiß, dass eine Boeing 747 gewichtsmäßig bis zu einem Drittel Kraftstoff an Bord hat. Der modernere Airbus kann das mit Sicherheit etwas besser, aber das Kuriose ist, dass wir gerade überlegen, die Kurzstreckenflüge zu verbieten und uns eventuell dann lange Flugstrecken gar nicht mehr leisten können. Oder wird dann in der Luft Wasserstoff getankt?

Da geistert das Stichwort von der 'Technologieoffenheit' durch die Landschaft. Aber die Hersteller machen jetzt gute Gewinne. Die kann man nur einmal einsetzen. Also müsste man dem Begriff den der Konzentration der Ressourcen entgegensetzen. Bleibt als letzter Punkt die Reichweitenangst. Aber dazu haben wir im Kapitel 'Plug-In mit Zukunft?' einen Betrag geleistet.

kfz-tech.de/YeD22

 kfz-tech.de/YeD23

 Lkw

Abbildung 74

2017 Prototypen von Toyota

Abbildung 75

Abbildung 76

Abbildung 77

Macht eigentlich Mercedes hauptsächlich aus eigenem Antrieb wieder Versuche mit Wasserstoff, oder weil die Bundesregierung entsprechende Subventionen bereitstellt? Wir wollen in diesem Kapitel einmal rechnen, ob ein solches Forschen denn überhaupt lohnt. Und zwar vergleichen wir mit rein elektrischem Antrieb, lassen regenerativ erzeugte Treibstoffe wegen derzeit noch viel zu hoher Kosten außer Acht.

Will man einen Lkw, und wir meinen hier Fernlastzüge und nicht den Verteilerverkehr, rein elektrisch betreiben, dann muss man natürlich von den gewohnten Reichweiten Abschied nehmen. Nein, nicht auf der Tour nach Südspanien nur einmal Tanken. Ist auch gar nicht nötig, denn immerhin gibt es gesetzliche Regelungen, z.B. die Begrenzung der Lenkzeiten.

Unsere Rechnung schließt also jetzt die Besetzung mit zwei Fahrern/innen aus. Das bedeutet, das Fahrzeug ist am Tag sagen wir 8 Stunden unterwegs. Schneller als 80 km/h im Durchschnitt wird es nicht sein können, macht 640 km pro Tag. Warum bitteschön sollten die nicht über Nacht nachladbar sein, natürlich mit dem Nachteil einer entsprechend zu schaffenden Infrastruktur an Raststellen bzw. Autohöfen.

Schauen wir uns zunächst den Lkw selbst an, denn natürlich bleibt hier nichts so, wie es ist. Nehmen wir an, dass 20 kWh Verbrauch bei 80 km/h für einen

Pkw auch im Winter reichen und rechnen dem Lkw entsprechend seinem jetzigen Diesel-Verbrauch die fünffache Menge zu, dann können wir das notwendige Batteriegewicht ermitteln, müssen aber betonen, dass wir es nach dem derzeitigen Stand der Batterietechnik tun.

Bis so eine Technik umgesetzt ist, kann sich da noch etwas zum Guten hin ändern. Derzeit wiegen z.B. bei Audi 90 kWh Batteriekapazität ca. 700 kg, was bei 640 kWh dann 5 Tonnen entsprechen würde. Bevor Sie jetzt die Hände über dem Kopf zusammenschlagen, so etwas ist vom Gewicht her durchaus machbar, wenn Sie das Leergewicht einer Zugmaschine mit 11 Tonnen und das des Aufliegers mit 7 Tonnen Pi mal Daumen annehmen. Bleiben in diesem Fall 22 Tonnen Nutzlast.

Jetzt machen wir es uns nicht leicht, indem wir die Gewichtsersparnis von Dieselmotor mit Abgasanlage und komplettem Antriebsstrang zu zwei E-Motoren an der Antriebsachse mit nur einer Tonne annehmen. Bleiben 4 Tonnen, die voll von der Nutzlast zu kompensieren sind. Also nur noch 18 statt 22 Tonnen. Aber wie viele Lastzüge haben bei der Beladung eher ein Volumen- als ein Gewichtsproblem? Und vielleicht kann ja durch zusätzliche Gewichtseinsparung am Auflieger noch etwas Nutzlast hinzugewonnen werden.

Sie sehen schon, so ganz ungeschoren werden wir die Welt mit einer verhinderten Klimakatastrophe nicht betreten können. Die alten Verbrenner mögen vielleicht nicht schneller als mancher E-Pkw besonders in der Beschleunigung sein, fahren ihm aber auf der Langstrecke immer um die Ohren. Ein eher noch größeres Problem wird sein, die Batterien im Zugfahrzeug unterzubringen. Vielleicht hilft hier die Rückkehr zum Gliederzug, an (Ent-) Ladestationen durch automatisiertes Rangieren handlicher gemacht. Möglicherweise geht dann ja trotzdem noch eine durchgehende Ladefläche wie beim Gelenkbus.

Jedenfalls kann man nicht den Radstand jetziger Zugfahrzeuge nur etwas verlängern und die Batterien hinter dem Fahrerhaus hochbauen. Das wäre Gift für Schwerpunkt und Fahrverhalten. Und wie sieht es mit dem Laden aus? Ganz einfach: 640 kWh ergeben auf zehn Stunden gerechnet 64 kW Ladeleistung. Sie merken, wie zunehmend beim E-Auto kommt es auch hier auf die Ladekurve an. Sorgt man dafür, dass diese nicht zu sehr absackt, müsste auch das Problem des Ladens lösbar sein. Klar ist das eine Herausforderung jetziger Stellplätze. Aber ist es die nicht ohnehin seit dem Aufkommen der E-Autos?

> Minimaleres Zuladen wäre sogar noch in Pausen möglich.

Kommen wir zu den beiden Alternativen, flüssiger Wasserstoff von ca. -250°C oder sehr hoher Druck von 700 bar im Tank, was bis zu 1.000 bar an der 'Tankstelle' entspricht, ein enormer Verlust an Wirkungsgrad. Schwer einzuschätzen, wie groß die Brennstoffzelle plus Zusatzbatterie sein muss. Gehen wir einmal von Gewichtsgleichheit gegenüber dem Triebwerksstrang und allen Zusatzaggregaten beim jetzigen Lkw aus.

Aus Erfahrung mit dem Hyundai Nexo nehmen wir, auch hier die kalte Jahreszeit berücksichtigend, 500 km Reichweite bei 6 kg Wasserstoff an Bord an. Wenn wir auch diese 6 kg für den Verbrauch im Lkw verfünffachen, kommen wir nur auf 30 kg und, wenn wir wegen dem Equipment verdreifachen, auf vielleicht 90 kg Zusatzgewicht, also im Vergleich zu 4.000 kg beim reinen E-Antrieb eine erhebliche Gewichtsersparnis, auch, wenn Brennstoffzelle und Zusatzakku schwerer sein sollten.

Unter 700 bar ergibt sich eine Dichte von 40 kg/m³. Gehen wir also großzügig von einem Kubikmeter Raum aus, der nötig sein wird, können wir jetzt die Batterie beim reinen E-Antrieb gegenrechnen. Die neusten Tesla-Zellen sind 70 mm lang und 21 mm im Durchmesser, macht 25 cm³ Volumen. 3.000 von ihnen mit einem Volumen von 75 dm³ ergeben etwa 50 kWh. Gebraucht werden im Lkw 640 kWh, was etwa einen Kubikmeter ausmacht.

Wir würden den Betrag gerne verdreifachen, um den Abstand zwischen ihnen und den Zusatzeinrichtungen wie Elektronik und Kühlung zu berücksichtigen. Sie können das halten, wie Sie wollen. Jedenfalls ist auch der Raumbedarf bei reinem E-Antrieb erheblich größer als beim Antrieb mit Wasserstoff. Das macht auch die Verflüssigung beim Wasserstoff auf etwa immerhin -250°C problematisch. Bei früheren Versuchen hat man festgestellt, dass deutlich mehr als die Hälfte eines einstmals vollen Tanks nach 14 Tagen entschwunden war.

Beim Lkw wäre es nicht ganz so schlimm, weil der ja jeden Tag fast leerfahren könnte und nach einem Wochenende erst kurz vor Fahrtantritt betankt würde. Bleibt der Nachteil des hohen Energiebedarfs beim Tanken mit 700 bar. Allerdings birgt das geringe Gewicht der Tanks den Vorteil, sich hinter dem Fahrerhaus hochstapeln zu lassen. Der Raumbedarf ist auch so gering, dass man auf wesentlich weniger Energie verschlingende 350 bar Druck zurückgehen könnte.

Wichtig dabei: Der Raumbedarf steigt dabei nicht auf das Doppelte, sondern bei 24 kg/m³ nur auf das 1,67-fache. Das wäre übrigens auch etwas vorteilhafter, wenn so ein Lkw wegen Treibstoffmangel oder einer Notreparatur an der Anlage nicht abgeschleppt, sondern vor Ort wieder flott gemacht werden soll. Übrigens bei der Verflüssigung von Wasserstoff fast unmöglich, weil der in dem für längere Zeit ungekühlten Tank ankommend sofort erwärmt und gasförmig werden würde.

▢▥ Tesla

Abbildung 78

Das erste in größerer Serie von Tesla produzierte Auto ist ein Roadster, abgeleitet von der Lotus Elise, dem 6.831 handelsübliche LiIo-Zellen und ein 215 kW (292 PS) starker Motor eingepflanzt werden. Da der von 0/min bis zu seiner Nenndrehzahl im Gegensatz zum Verbrennungsmotor das volle Drehmoment zur Verfügung stellt, braucht man sich um mangelnde

Beschleunigung (0-100 km: 3,7 s) und einer Spitze von je nach Übersetzung 220 bis 250 km/h keine Sorgen zu machen.

'56 kWh' klingt als Batteriegröße zu der Zeit ungewöhnlich gut, bedeutet aber auch heute noch den Energiegehalt von 6 Liter Superbenzin. Geht man dann noch von nur 80 Prozent nutzbarer Kapazität und einem Minimalverbrauch von etwa 12,5 kWh pro 100 km aus, bleiben unter Idealbedingungen 'nur' 350 km Reichweite übrig, zeigen aber gleichzeitig die gute Futterverwertung elektrischer Energie. 2014 wird die Kapazität der Batterie auf 70 kW/h erhöht.

Abbildung 79

Aufladen der Batterien ist allerdings nur einphasig möglich. Das bedeutet Ladezeiten von 3 bis 24 Stunden, je nach Stromstärke am Anschluss. Inzwischen wird auch die Haltbarkeit der Akkus weniger skeptisch gesehen. 150.000 bis 200.000 km sind bei vernünftiger Nutzung drin, wenn auch mit einem Verlust von weiteren 20 Prozent verbunden. Gefragt werden 92.000 Dollar, was bei dem damaligen Kurs etwa 70.000 Euro entspricht.

Es ist ein gewaltiger Schritt weg von den bisher gekannten, höchstens 100 km Reichweite, zaghafterer Beschleunigung und kaum Ladevolumen, was der Tesla Roadster allerdings auch nicht hat. Die Firma Lotus wurde wohl auch wegen ihres fast unschlagbaren Leichtbaus ausgewählt. Nur gut 100 kg soll der Roadster gegenüber seinem Serien-Pedant mit Verbrennungsmotor mehr wiegen. Obwohl ca. 2.500 Fahrzeuge verkauft werden, ist er kein finanzieller Erfolg.

Abbildung 80

Der Mann der Stunde heißt übrigens Martin Eberhard. Der hat gerade seine Internet-Firma verkauft. Der heute berühmte Elon Musk ist schon beteiligt. Er hat 2002 seine Anteile an einem Vorläufer von PayPal verkauft, gilt seitdem als Milliardär. Er übernimmt die Leitung der Firma in deren Finanzkrise 2008. Es wird ein Investor gefunden. 2010 geht Tesla-Motors an die Börse. Außer im dritten Quartal 2016 hat die Firma bis 2022 keinen Gewinn gemacht.

Abbildung 81

Gleichwohl wird sie inzwischen an der Börse höher als Ford und sogar GM bewertet. 'Schuld' daran ist das Charisma ihres Chefs, der sich zusammen mit seinen Mitarbeitern/innen auf wohlpräparierte Öffentlichkeitsarbeit versteht. Die Fans lesen ihm geradezu von den Lippen. Er ist zusätzlich Kaliforniens Hoffnung für den Einstieg in die Automobilproduktion der Zukunft, obwohl er die Gigafactory für gleichzeitige Auto- und Batterieproduktion in Reno (Nevada), knapp über die Grenze angesiedelt hat.

Abbildung 82

Mit Musk als CEO hat eine Produktionsoffensive ohnegleichen begonnen. Da kommt zunächst das Model S, eine größere Limousine ab ca. 70.000 Dollar in verschiedenen Kapazitätsstufen. Die werden bis 100 kWh ausgebaut und mit zweitem Antrieb vorn ausgestattet, bevor als Model X ein SUV auf den Markt kommt. Als es davon noch eine Performance-Variante gibt, gilt die wohl als die bestbeschleunigende Serien-Limousine der Welt, allerdings für den doppelten Grundpreis.

Innen ist der Wagen eher einfacher als vergleichbare Luxus-Objekte mit Verbrenner ausgestattet. Fast alle Funktionen können über einen Siebzehnzöller erledigt werden. Den Buchstaben 'X' gibt es dann für das nachfolgende SUV, wobei aber auch schon das Model S mit zwei zusätzlichen Kindersitzen ausgestattet werden konnte, allerdings entgegen der Fahrtrichtung.

Model X . . .

Abbildung 83

Zusätzlicher Frontantrieb in den Models S und X . . .

Abbildung 84

Viel komfortabler geht es hinten im Model X zu, wo sich die Türen heben und der Zugang auf die hinteren fünf Sitze selbst bei wenig Platz realisieren lässt. Allerdings ist die Konstruktion je nach Deckenkonstruktion im Parkhaus nicht vollkommen sicher vor Berührung. Gemeinsam mit beiden Modellen entsteht von USA ausgehend ein weltweites Netz sogenannter Supercharger, das immer dichter wird. Zusammen mit der Reichweite der beiden Modelle soll sogar ein Trip von Spaniens Süden bis zum Nordkap kein Problem sein.

Inzwischen umfunktionierte Tesla Dependance in Tilburg (NL), das Markensymbol von Teilen des von Nicola Tesla erfundenen Motors abgeleitet . . .

Abbildung 85

Und um noch einen draufzusetzen, ist das 'Tanken' am Supercharger neben schnell (80% in knapp 30 Minuten) auch kostenlos. Allerdings gibt es da erste Zuckungen, dieses Prinzip ab 2018 auf eine gewisse Strommenge pro Jahr zu reduzieren. Überhaupt muss man genau studieren, ob es sich um einen Supercharger oder eine gewöhnlichere Stromtanke z.B. bei einer Pension handelt. Hier ist Tesla gewisse Kompromisse eingegangen.

Parallel betreibt Musk eine Firma, die inzwischen mit wiederverwendbaren Raketen im Auftrag der ESA schon Dinge ins All transportiert, vielleicht irgendwann Menschen auf den Mars ohne Wiederkehr. Für Transport derselben in ca. einer halben Stunde von Berlin nach München hat er eine

Röhrenfirma, die diese annähernd luftleer pumpt und entsprechend geformte Kabinen mit mehr als 1000 km/h hindurchjagt.

Model 3 . . .

Abbildung 86

Aber wie jeder 'normale' Mensch hat auch ein Elon Musk seine Niederlagen. Die Sache mit dem nach einem Unfall plötzlich brennenden Model S kann er noch mit dem Hinweis auf die in dieser Hinsicht nicht besseren Verbrenner wegstecken. Schwieriger wird es, als sein Feldzug für das Autonome Fahren jäh gestoppt wird. Seine Ingenieure erlauben in den Teslas in USA zu viel, so dass dieses System offenbar ungebremst in einen weißen querstehenden Auflieger fährt.

Seitdem gibt es u.a. stärkere Begrenzungen der Geschwindigkeit und offenbar ein besseres Einschwören der Besitzer/innen, ihre Aufmerksamkeit und schon gar nicht ihren Platz zu verlassen. Das bisher letzte sichtbare Problem ist das Verfehlen der dringend benötigten Produktionsziele des Models 3, einer deutlich kleineren und mit 35.000 Dollar in USA wesentlich günstigeren Limousine. Immerhin sind fast auf die prognostizierte gesamte Produktion in 2018 schon jeweils 1.000 Dollar Anzahlung geleistet worden.

Man kann sich gut vorstellen, wie die Konkurrenz feixt. Erstmalig in der Massenproduktion zeigen sich bei Tesla die Schwierigkeiten, die wohl von Musk unterschätzt worden sind. Überhaupt haben ihn die beiden Großen, Daimler und Toyota, bis auf einen kleinen Rest an Anteilen verlassen, ein Zeichen, dass sie ihn als einen Gegner inzwischen ernst nehmen. Musk wäre nicht Musk, wenn er sich nicht auch in der Krise gut verkaufen könnte, kündigt in all dem Trouble einen Lkw und einen viersitzigen Roadster an.

Tesla Model S Plaid

Abbildung 87

kfz-tech.de/PeD3

Abbildung 88

kfz-tech.de/YeD7

Tesla Model 3 Elektromotor, 192 kW (261 PS), 930 Nm, Heckmotor, Hinterradantrieb, Doppelquerlenker/Mehrlenker, Luftfederung (Option), Zahnstange, Servo, elektrisch, Scheibenbremsen innenbelüftet, Ganzjahresreifen, 18/19" Felgen, 4.694 mm, 2.875 mm, 1.933/2.088 mm, 1.440 mm, 0,23, Zweizonen-Klimaanlage, Sitze beheizbar, Stahl/Aluminium-Karosserie, Lithium-Ionen-Batterie, 50/75* kWh, brutto, 8 Jahre oder 160.000 km Garantie, 390/502 km Reichweite (Werksangabe), ab 425 Liter Ladevolumen, 461 kg Zuladung, ab 1.610/1.730* kg Leergewicht incl. Fahrer(in), 210/225* km/h Höchstgeschwindigkeit, ab 2018.
*Long Range Version

Nein, den versprochenen Grundpreis des Models 3 von 35.000 Dollar hält Tesla auch in USA noch nicht ein. Wenn man die Tricks im Konfigurator weglässt, kommen rein netto 46.000 Dollar heraus. Die Version mit 75 kWh und zwei Motoren ist 7.000 Dollar teurer, für die Performance-Version kommen noch einmal 11.000 Dollar hinzu. Es soll bald eine günstigere Version mit 50 kWh und vielleicht noch eine günstigere kommen. Der Long-Range mit 2WD/4WD wird in Deutschland für 49.000/57.900 Euro angeboten.

Bei der Farbe muss man 1.500 bis 2.500 Dollar drauflegen, außer bei Schwarz. Auch 19-Zöller kosten in der Grundversion 1.500 Dollar mehr. Eine teilweise weiße Innenausstattung macht 1.000 Dollar mehr aus. Der Autopilot ist in allen Ausstattungen enthalten. Allerdings kostet seine Freischaltung ab Werk 5.000 und nachträglich 7.000 Dollar, in Deutschland 6.000 Euro. Je nach Bundesstaat kommen noch Steuern hinzu. Subventionen für Tesla sind endgültig ausgelaufen.

Ein Model 3 ist eine 4- bis 5-sitzige, konventionelle Limousine mit auslaufendem Heck und kleiner Öffnung für den Gepäckraum. Die Rücksitzlehnen sind im Verhältnis 1 zu 2 umklappbar. Der Innenraum erreicht das Platzangebot der Mittelklasse, der Gepäckraum nur, wenn man die separaten 85 Liter vorn hinzurechnet. Allerdings ist auch noch eine tiefe Höhle hinter der Hinterachse im Angebot.

Abbildung 89

Model 3 mit rahmenlosen Fenstern

Die Türgriffe sind wie bei den größeren Modellen versenkt, fahren allerdings nicht elektrisch aus, sondern rein mechanisch, sobald man die einfache Chipkarte an die B-Säule gehalten hat. Die Türschlösser funktionieren sowohl elektrisch als auch rein mechanisch. Beide Funktionen sind von innen abrufbar. Der hintere Gepäckraum ist von innen zu öffnen, erstaunlicherweise der vordere auch.

Bis auf zwei dicke Knöpfe zur Feinjustierung jeweiliger Funktionen am und zwei Hebel hinter dem Lenkrad sowie dem gesetzlich vorgeschriebenen Schalter für die Warnblinkanlage müssen alle Funktionen vom 15- Zoll Touchscreen aus bedient werden. Der hat jedoch unten eine Leiste, über deren Buttons der jeweilige Bildschirm angewählt werden kann. Statt also eines Tastendrucks sind deren mindestens zwei nötig, allerdings hat man es auf dem Bedienbildschirm leichter, weil hier durch Bezeichnung und Symbole kleine Hilfen für die Unterfunktionen möglich sind.

Abbildung 90

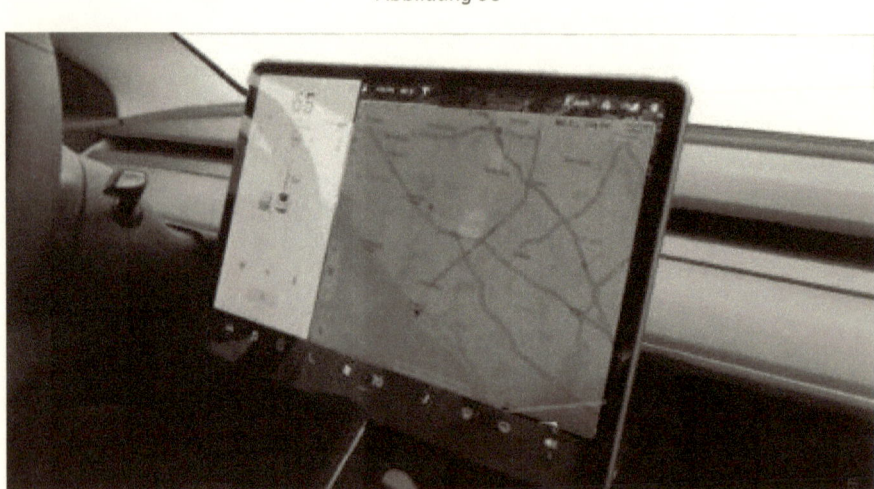

Besonders günstig ist der Touchscreen für die Lüftung. Die kommt durch zwei Schlitze, die sich über die volle Breite des Armaturenbretts erstrecken. Der eine zielt etwas nach oben, während der andere eher auf die Passagiere gerichtet ist. Einen oder auch zwei Schwerpunkte kann man sowohl für die Fahrer- als auch für die Beifahrerseite punktgenau einstellen.

Das geht mit Fingertipp und ist sehr intuitiv. So kommt man auch mit der Karte beim Navigationssystem zurecht. Die hat auf den ersten Blick Ähnlichkeit mit Google Street View, zeigt aber auch Bereiche höheren Verkehrsaufkommens an. Auch hier arbeitet man mit den Fingern, vergrößert durch Spreizen und kann damit sogar die Kartenansicht drehen.

Die Lenkung ist dreifach verstellbar, die Rekuperation doppelt. Einschränkungen bei der möglichen Entladung der Batterie sind leicht einstellbar. Allerdings muss man auch die Öffnung des Handschuhfachs über dem Bildschirm auslösen. Wichtig sind die Einstellungen der Diebstahlbehandlung mit möglicher Benachrichtigung über Handy.

Auch die Notbremsung ist ein- oder ausschaltbar. Bis zum Stillstand funktioniert sie allerdings nur bis zu einer bestimmten Geschwindigkeit. Auch der Spurhalteassistent ist ein-/ausschaltbar.

Ungünstig ist allerdings die Situation bei Ausfall des Antriebs oder völligem Leerfahren. Wenn das auch die 12V-Batterie betrifft, muss man die erst aufladen, um über den Bildschirm die Handbremse lösen zu können. Dann hat man 20 Minuten Zeit, das Auto mit Schiebegeschwindigkeit an die Ladesäule zu bugsieren. Ansonsten gibt es nur die Möglichkeit der Verladung.

Und dann diese winzige Notiz in den Daten: Ganzjahresreifen. Als wenn die E-Autos nicht schon genug verschrien wären, ungünstig lange Bremswege zu haben. Dabei verdient Tesla doch gerne etwas zusätzlich, aber Winterreifen mit Stahlfelgen scheinen im sonnigen Kalifornien nicht der Hit zu sein. Auch spart man sich so das halbjährliche Justieren der Drucksensoren.

Überhaupt, Radkappen vor den Leichtmetallfelgen. Wer sich so etwas ausdenkt? Was ist das denn für eine Ästhetik? Da kann man auch Stahlfelgen nehmen, sieht ja doch niemand. Und viel schwerer sind die schon längst nicht mehr. Damit sich Radkappen nicht lösen, müssen die kräftig geklemmt werden, was wiederum den Schutz mit Klarlack beeinträchtigen kann.

▢||| Batterie 1

Abbildung 91

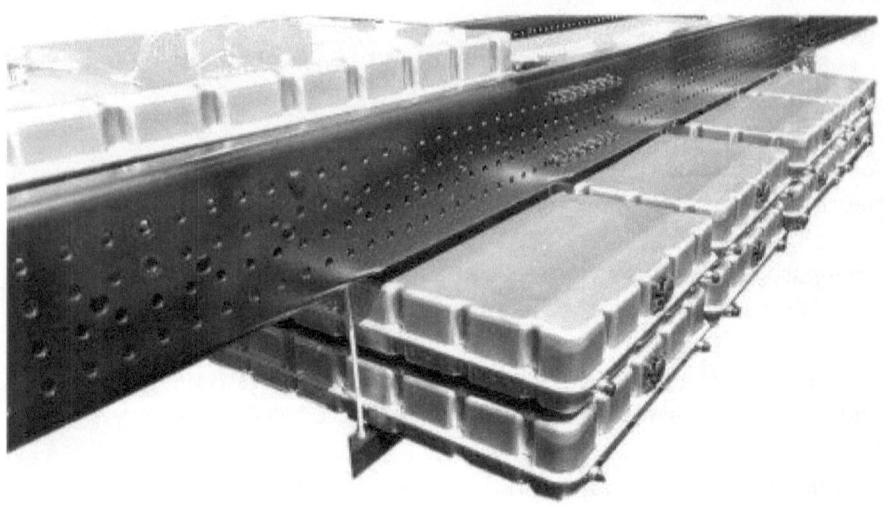

Lithium-Nickel-Mangan-Kobalt Zellen, 240 kWh, 661 V, 400 kW (545 PS) 545 kW (741 PS) für 30 Sekunden, 200 kg pro Modul . . .

Dieses Bild repräsentiert den gewaltigen Batterie-Hunger eines Lkw. Aber keine Angst, wir werden an dieser Stelle nicht wieder den unglaublichen Unterschied von Energie in einem Tank zu der in einer Batterie wiederholen. Vielmehr wird uns das Innenleben solcher Kästen interessieren. Dabei werden wir doch wiederholt Tesla erwähnen müssen, weil das der neben BYD im Moment wohl einzige Fahrzeug- **und** Batteriehersteller in großem Maßstab ist.

Gemeint ist die Herstellung der Batteriezellen, auch wenn die bei anderen wie z.B. bei BMW deutlich anders aussieht. Bei Tesla sind es jedenfalls uns von der Form her wohlbekannte Monozellen mit der bekannten zylindrischen Form. Dort hat man eine sogenannte Gigafactory aufgebaut, die 2013 begonnen und wohl bis 2020 zum größten Gebäude der Welt avancieren wird.

Natürlich kommt das Knowhow von Panasonic, aber man hat sich aneinandergebunden und es kann nicht der Fall wie bei anderen Herstellern von E-Autos eintreten, dass sie sich bei wenigen Herstellern von Batterien dereinst um die Plätze balgen müssen, mit dem Risiko steigender Preise.

Im Gegenteil, bei Tesla/Panasonic ist man schon jetzt bei etwa 200 Dollar (176 Euro) pro kWh angelangt, was bei 90 kWh 15.840 Euro ausmacht. 2026 hofft man bei der Hälfte dieser Preise zu sein. Da kann man ansonsten sicher sein, in punkto E-Mobility Tesla derzeit auf den Fersen zu sein, diese Zahlen sprechen eine andere Sprache.

Trotzdem wollen wir, bezogen auf das Bild oben noch einmal klarstellen, für den Fracht-Fernverkehr ist die Batterie als alleiniger Energiespeicher nicht das richtige Instrument. Schon beim einfachen E-Pkw gibt es Probleme mit langen Strecken. Ein- oder zweimal in Urlaub, das mag gehen. Ist sogar vorteilhaft, weil dann die gesamte Kapazität der Batterie benötigt wird. Da kann sich das Regel- und Anzeigesystem wieder neu ausrichten.

Allerdings kostet eine komplette Ladung von 0 bis 100 Prozent auch an Teslas Superchargern gern mal 2 Stunden. Quälend langsam erreicht das System die 20-Prozent-Marke und erreicht mitunter auch danach nur deutlich weniger als den für diese Ladesäulen versprochenen vollen Energiefluss. Obenrum wird es dann wieder zäh. Handlungsreisende, häufig auf der Fernstrecke, würden mit Sicherheit Termine und damit die Geduld verlieren.

Hinzu kommen z.B. in Amerika jetzt schon die Wartezeiten vor den Superchargern. Offensichtlich werden die Fahrzeuge auch nach dem Laden nicht rechtzeitig weggefahren. Das lässt es sehr sinnvoll erscheinen, nicht nur die Lademenge, sondern auch die Zeit vor der Ladesäule zu berechnen.

Fast ein alter Hut ist der Zusammenhang zwischen Fahrstil und Reichweite, letztere wohl auf die Hälfte bei ordentlichem Zulangen dezimierbar. Das ist schon eine Menge, wenn unabhängige Institute dem Tesla Model S bei sparsamer Fahrt immerhin noch 20 kWh auf 100 km bescheinigen.

Sieht man von den Urlaubsfahrten mit langen Ladezeiten ab, ist die beste Methode, die Batterie nicht unter 20 Prozent leerzufahren und nicht über 80 Prozent zu laden. Ein solches Gebaren soll der Lebensdauer der Batterie außerordentlich zuträglich sein. Dann wären immerhin wohl auch mehrere 100.000 km möglich.

Überhaupt scheint die Lebensdauer von Batterien in E-Autos nicht mehr das größte Problem zu sein. Wenn nämlich einer der Batteriekästen aus Teslas Model 3 beispielsweise 2.170 Zellen enthält, dann darf man diese trotz ähnlichem Aussehen nicht mit denen aus den bekannten Elektrogeräten wie

Smartphone oder Laptop vergleichen, die auf einen wesentlich höheren Energiegehalt und damit weniger Lebensdauer getrimmt sind.

Wie sieht denn nun so ein hermetisch verschlossener Kasten aus? Er teilt sich auf in die Zellen selbst, die Kühlung und einen Computer für das Management. Letzterer ist z.B. sehr wichtig, weil er die unterschiedlich sich entladenden Zellen 'ausbalancieren' muss, was übrigens auch Ladezeit kostet. Da müssen Zellen warten, bis alle anderen voll sind, wodurch ein Überladen vermieden wird.

Der Computer ist dem Batteriekasten nahe zugeordnet. In diesem die stehende Anordnung der Minizellen. Einem Block von ca. 30 bis 50 Zellen mit Pluspol nach oben folgt einer mit Pluspol nach unten. Die sind jeweils parallelgeschaltet und einzeln mit einem so kleinen Draht angeschlossen, dass dieser als Sicherung dienen kann.

Die Anzahl der Zellen pro Block bestimmt die mögliche Stromstärke und ist je nach Ausstattung mit Batteriekapazität im Fahrzeug verschieden. Die Anzahl von Blöcken ergibt die Spannung für das System, z.B. den/die E-Motor(en). Die ist also trotz unterschiedlicher Kapazität möglichst gleich.

Zwischen den einzelnen Monozellen ist Platz für das dritte Element im Batteriekasten, die Kühlung. Hier kreist ein Glykol- Wasser-Gemisch, kommt an jede Zelle heran. Jeder der Kreisläufe ist so kurzgehalten, dass die Temperatur an seinen Enden nicht zu hoch wird. Über die Kühlung wird im nächsten Kapitel noch zu reden sein.

 **Batterie 2**

Abbildung 92

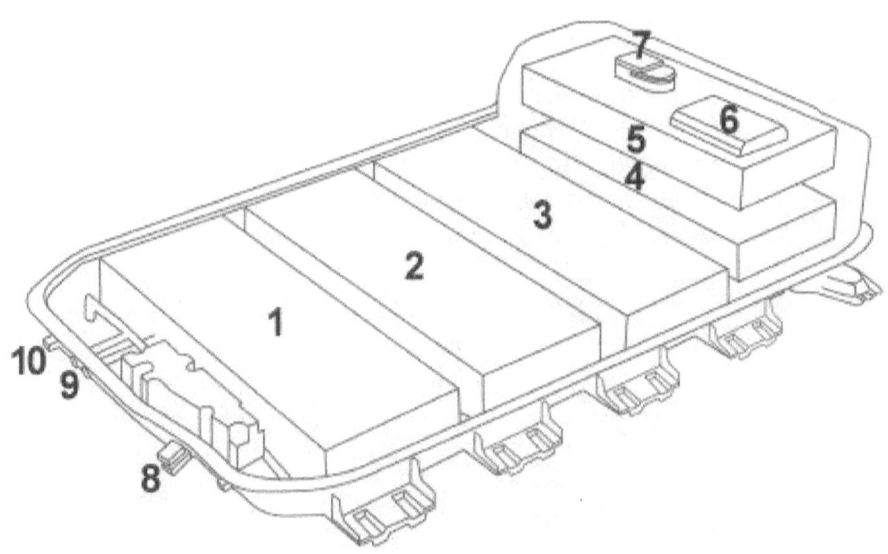

1	Batterie - 10/10 Zellen
2	Batterie - 10/10 Zellen
3	Batterie - 10/10 Zellen
4	Batterie - 8/10 Zellen
5	Batterie - 10/8 Zellen
6	Batterie - 10/10 Ehergy Controller
7	Batterie - Abschaltvorrichtung
8	Laden - Gleichstrom
9	Anschlüsse - Kühlkreislauf
10	Laden - Wechselstrom

Chevrolet Bolt EV, Lithium-Nickel Zellen, 100 mm Höhe, 338 mm Breite, 50:50 Frostschutz + deionisiertes Wasser, 6,9 Liter Kühlmittel, je 3 Zellen a 3,65 V parallel, 60 kWh insgesamt, 435 kg, ab 2017.

Und so setzen sich die einzelnen Zellen zu einer Batterie für den Chevrolet Bolt zusammen: Je drei Zellen von knapp 4 Volt sind zu einem rechteckigen 33,8x10 mm Querschnitt passgenau vereint und parallelgeschaltet. Von dieser Kombination gibt es 96 Stück verteilt auf insgesamt 5 Module, drei je 20 kWh unter dem Fußboden und zwei je 18 kWh dahinter aufeinandergestapelt.

Im nächsten Bild sehen Sie den Teil des Kühlmoduls aus Aluminium, der sich unter den Batterien 1 - 3 befindet. Der Zufluss verteilt sich auf die grau gezeichneten Kanäle an den beiden Außenseiten. In der Mitte ist der hell belassene Rücklauf. Die beiden Batterien 4 und 5 hinten sind über ähnlich aufgebauten Kühlern angeordnet.

Abbildung 93

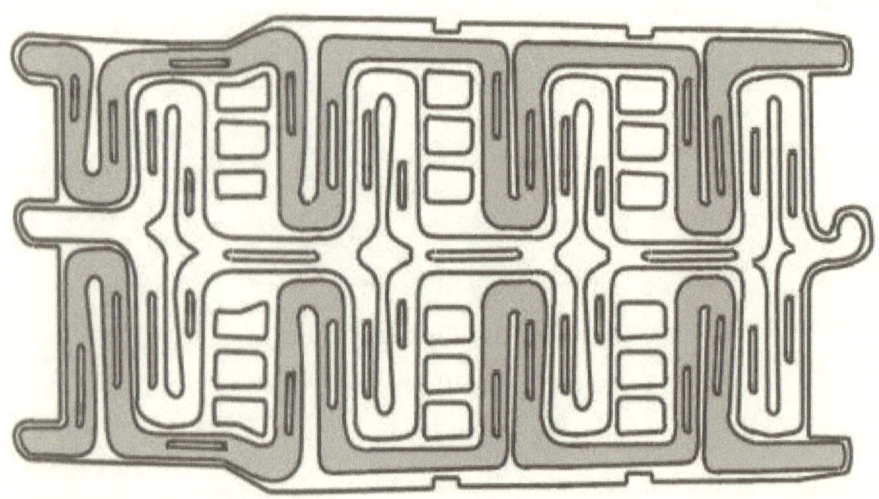

Links sehen Sie die Anschlüsse für die beiden Vorläufe und den Rücklauf in der Mitte, wie sie mit den Anschlüssen 9 im Bild ganz oben verbunden sind. Die rechte Seite sieht nahezu gleich aus. Hier werden allerdings die drei Kühlungsströme über kurze Leitungen zu denen an den Batterien 4 und 5 weitergeleitet.

Zwischen den Batterien und den von Kühlmittel durchflossenen Alu-Kühlblechen gibt es nur jeweils eine besonders gut wärmeleitende Matte. Insgesamt sind die Batteriekästen deutlich höher als z.B. im Tesla Model 3, sind durch spezielle Laschen (Bild ganz oben) sogar noch zusätzlich etwas angehoben. Insgesamt merkt man auch durch die seitlichen Abstände die Bemühungen zum Schutz der Batterie-Module.

Es handelt sich beim Chevrolet Bolt EV um einen Crossover, der z.B. 14 cm höher ist als ein Golf 7. Dadurch ist auch der hintere Teil des Batteriepakets unter der Rücksitzbank realisierbar. Der Gepäckraum kann demnach mit besonderer Tiefe und 478 Liter Volumen angeboten werden, hat allerdings eine rekordverdächtige Stufe bei umgeklappter Rücksitzlehne.

Auch anders als bei Tesla hat nicht jedes Modul seine eigene Überwachung, sondern für alle gibt es ein einziges, im Bild ganz oben mit der Nummer 6 bezeichnet. Hier wird dann auch die Ladung so auf die einzelnen Batterien verteilt, dass diese gleichmäßig ge- und keineswegs überladen werden. Auch die einzelnen Temperaturen wertet dieses Steuergerät aus und berücksichtigt diese bei der Steuerung der Ströme.

Die Abschalteinrichtung z.B. für Serviceaufgaben teilt die Batterien, die sich bei Nummer 1 bis 3 aus je zwei mit 10 kWh zusammensetzen. Nummer 2 ist anders herum montiert, Auf die gleiche Art unterscheiden sich Batterie 4 und 5, diesmal durch ungleiche Module von 10 zu 8 Zellen und umgekehrt. Es ist also jeweils auch nur die linke oder rechte Hälfte aller Batterien abschaltbar.

Vorläufig letzte Frage: Und warum ist das Kühlsystem der Batterien nicht einfach direkt an dem des Motors angeschlossen? Ganz einfach, weil die Batterien nicht immer nur gekühlt, sondern in besonderen Situationen auch beheizt werden müssen, z.B. beim Laden im Winter.

▛▌▎ Batterie 3

Abbildung 94

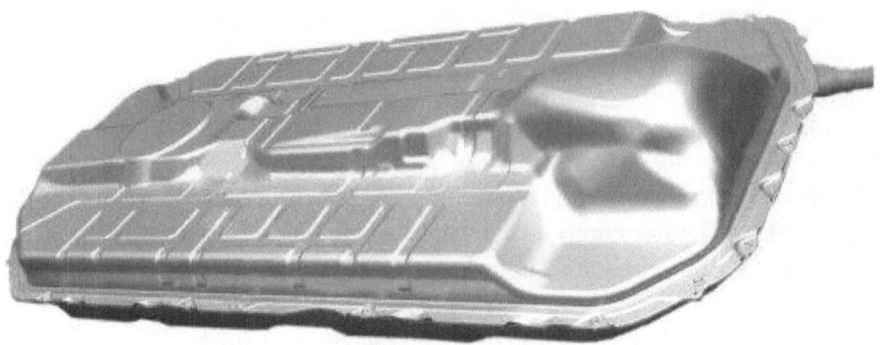

Angesichts der besonders für Hochvoltbatterien verwendeten Rohstoffe wie Lithium und Kobalt ist natürlich die Frage des Recyclings eine besonders wichtige. Lithium kommt zwar weltweit vor, aber in vernünftig abbaubaren Mengen hauptsächlich in Südamerika. Hier ist von Kinderarbeit und Verstößen gegen die Umwelt weniger bekannt als aus dem Kongo, dem Haupt-Abbaugebiet von Kobalt.

Also versucht die Industrie, möglichst einfacher zu gewinnende Ersatzstoffe zu finden oder zumindest die Anteile zu reduzieren. Bei Kobalt könnte das wohl eher gelingen als bei Lithium. So bleibt das Recycling Nummer 1 der Erwartungen und mit ihm die sogenannte Sammelquote. Die vergleicht in den Sammelstellen eingehende Batteriemengen mit den verkauften, kann aber bei erst beginnender e- Mobilität kein Maßstab sein.

Man rechnet mindestens 10 Jahre und das dann wohl ab einem zu erwartenden Boom mit E-Autos. Dazwischen werden höchstens Batterien entsorgt, die vielleicht bei einem Unfall beschädigt worden sind. Zu bedenken ist aber, dass Batterien für E-Autos auch demontiert und nur einzelne Stacks erneuert werden können, was also insgesamt die mögliche Wiederverwendung der seltenen Rohstoffe in großem Stil verhindern wird.

Immerhin kann so ein Akkusatz nicht so einfach mit dem Hausmüll entsorgt werden wie beispielsweise kleinere für alle möglichen elektrischen Geräte. Man kann davon ausgehen, dass er in Werkstätten getauscht und von dort auch ordnungsgemäß entsorgt wird. Schon für Bleibatterien gibt es ein Pfandsystem, was den geordneten Kreislauf dort in Gang hält.

Natürlich ist jegliche Kombination der eigentlichen Batterie mit anderen Geräten für das Recycling schwierig. Bei der Hochvoltbatterie wäre das die Verklebung zusammen mit dem Kühlsystem. Es könnte auch eine direkt verbundene elektronische Überwachung ein Problem sein, weil natürlich Recycling immer von einer möglichst maschinellen Bearbeitung ausgeht.

So sind auch von Sortierungen auf einem Förderband keine hundertprozentigen Reinheiten zu erwarten. Von Hand demontiert wird so wenig wie möglich. Der mögliche Aufwand hängt auch stark von den Preisen der jeweiligen Rohstoffe ab. Typisch für die Bearbeitung ist z.B. die mechanische Zerkleinerung und anschließende Trennung nach Masse, z.B. unter Beeinflussung der vom Band fallenden Teile durch einen Luftstrom.

Die andere Möglichkeit ist das Einschmelzen, wobei z.T. die in den Akkus enthaltene Restenergie genutzt werden kann. Getrennt wird eher chemisch als physikalisch durch Temperatur. Insgesamt soll eine Rückgewinnung z.B. für die wichtigsten oben genannten Rohstoffe von bis zu 95 Prozent möglich sein. Man muss wohl kein Prophet sein, dass derzeit in Batterierecycling investiertes Kapital irgendwann eine hohe Rendite abwerfen wird.

Nicht wenige Techniker setzen auf eine sogenannte Gnadenbrot-Lösung für gebrauchte Fahrzeug-Batterien. Eigentlich sehr plausibel, diese mit nur noch 70 bis 80 Prozent Leistungsfähigkeit zur Speicherung zu verwenden, um beispielsweise Lastspitzen im Netz zu mindern. Aber diese Technik birgt auch das Risiko der Unvereinbarkeit der verschiedenen Spezifikationen. Auch sei das Brandrisiko solcher Zusammenstellungen erhöht.

◻️❘❘❘ Flüssigbatterie

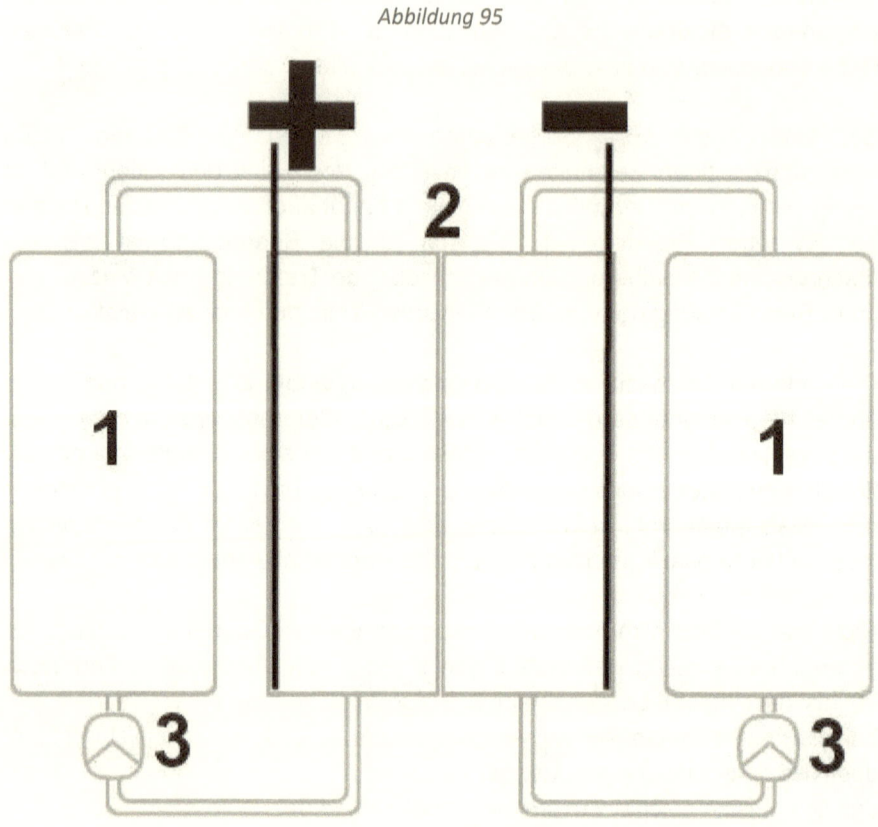

Abbildung 95

> Unklar, ob beide Flüssigkeiten nicht im Gegenstrom oder sogar in noch unterschiedlicheren Richtungen fließen

Bevor Sie den Vorwurf erheben, wir seien, wie das so häufig passiert, auf die Ankündigungen irgendwelcher Firmen hereingefallen oder würden diese ungeprüft nachbeten, soll hier unmissverständlich geklärt werden, dass es sich um Informationen des Fraunhofer-Instituts für chemische Technologie ICT handelt. Unsere Begeisterung basiert also nicht auf den nicht immer eingehaltenen Versprechungen z.B. der Fa. nanoFlowcell in der Schweiz.

Trotzdem oder gerade mit dieser Quelle sollen Sie hier die Möglichkeit erhalten, sich für die Technik als Möglichkeit für die Autos von morgen zu begeistern und diese als Alternative zu der immer mehr um sich greifenden, anscheinend alternativlosen Technik der Lilo-Batterie zu sehen.

Die auch als Flusszellen-Technik bezeichnete ist schon vor gut 60 Jahren erfunden worden. Gehen wir zunächst von dem Stand 2011 aus. Wichtig bei dieser Art von Batterie ist das Fehlen von Plus- und Minusplatten, wie wir sie von der Bleibatterie her kennen. An deren Stelle treten zwei Flüssigkeiten, die ebenfalls mit 'Plus' für Protonenüberschuss (Tank 1 rechts) und 'Minus' für deren Mangel (Tank 1 links) bezeichnet werden können.

Jetzt kommt eine Technik hinzu, die wir von der Brennstoffzelle her kennen. Statt gasförmiger Stoffe werden hier also die beiden an jeder der beiden Seiten einer Membran (2) entlang gepumpt (3). Die dabei von den Protonen der Überschussseite durchwandert werden.

Die Elektronen kommen über Kabel zur anderen Seite, im besten Fall einen E-Motor antreibend. Offenbar werden Elektrolythen aus gelösten Salzen bevorzugt. Ebenso taucht immer wieder Vanadium auf, sowohl für beide Elektroden als auch in den Elektrolyt-Flüssigkeiten. Achtung, jetzt kommt der Pferdefuß: Zu der Zeit schätzte man die Energiedichte nicht höher ein als die von Bleibatterien (RWTH- Aachen).

Lassen Sie uns hier kurz verweilen. Was bedeutet dieser Entwicklungsstand eigentlich? Jahrzehnte lang hat man mit Bleibatterien E-Autos realisieren müssen. Die sind auch verkauft worden, nicht sehr viele davon auch an Privatleute. Nach dem Stand von 2011 wäre also ein E-Auto realisierbar, das vielleicht 80 km Reichweite hätte mit dem Gewicht alter E-Autos.

Sicher, Sie müssten fast jedes Mal tanken, wenn Sie die statistisch belegten maximal 60 km pro Tag zurücklegen wollten. Die Mengen wären deutlich größer als bei einem Benzin- oder Dieselmotor, auch weil es zwei Flüssigkeiten gleichzeitig wären und nach dem Stand damals, noch Flüssigkeit in gleicher Menge zurück in die Tankstelle zu pumpen wäre.

Eine enorme Druckerhöhung wie beim Tanken von Wasserstoff fände nicht statt, was mit dazu beiträgt, dass man den Wirkungsgrad der Flusszellentechnik mit ca. 75 Prozent gegenüber 33 beim Wasserstoff angibt. Jetzt bleibt es Ihnen überlassen, abzuschätzen, wie lange so ein vermutlich sehr stark optimierbarer Tankvorgang dauern würde, ob man also Zeit gegenüber dem Laden von 80 km Reichweite einsparen würde.

Ganz genau weiß man es noch nicht, weil diese Information vom nanoFlowcell-CEO stammt. Der behauptet, man könne der verbrauchten Elektrolyt-Flüssigkeit auch das Salz entziehen und diese in die Umwelt entlassen. Brennbar bzw. schädlich für den Menschen sei sie ohnehin nicht. Der Filter müsse nur etwa alle 10.000 km entleert werden, wichtig, weil man das Vanadium zurückgewinnen will, was auch wegen seiner möglicherweise alleinigen Verwendung sehr wenig von anderen Stoffen durchsetzt wäre.

So, damit würde das Auto auf seine Gesamtlaufzeit bezogen schon um die Hälfte der Tankinhalte leichter. Wie weit ist denn jetzt die Entwicklung gediehen? Immerhin hat sich ja in dieser Zeit bei den Batterien erheblich was getan. Die Firma nanoFlowcell gibt inzwischen Reichweiten von ca. 300 bis über 1.000 km an. Man hat auch schon unabhängige Journalisten mit den beiden Prototypen fahren lassen, mit positivem Echo übrigens. Befremdlich ist allerdings, warum man nicht so ein Auto (Straßenzulassung hat es inzwischen) einfach mal fahren lässt und einen neutralen Pulk zur Kontrolle hinterher?

Fürs E-Auto gibt es also nur eine Firma mit hoffentlich entsprechenden Möglichkeiten, die aber offensichtlich Angst hat, ihre Patente auf die Elektrolyt-Flüssigkeit könnten unterlaufen werden. Großtechnisch angewandt wird die Technik sehr demnächst stationär, um die Unterschiede beim Output einer Windkraftanlage zu glätten. Da spielt die Größe der Tanks keine Rolle, die ja alleine eigentlich nur die Kapazität begrenzt.

Für Kfz-ler ist vielleicht interessant, dass der Zulieferer Schaeffler sich mit so einer Firma zusammengetan hat und beide für 2021 eine solche Anlage planen. Und um noch einen draufzusetzen, behauptet man im oben schon erwähnten Fraunhofer-Institut, dass inzwischen die mindestens vierfache Energiedichte möglich wäre, sogar ähnlich Lilo-Technik, was allerdings anderswo wiederum Misstrauen hervorruft.

Autsch! Gestatten Sie die ketzerische Bemerkung, dass vielleicht ja deshalb zu wenig in die Entwicklung und besonders Fertigung von Batteriezellen investiert wird, weil man vielleicht etwas Besseres in petto hat. Um Ihre Begeisterung direkt ein wenig zu dämpfen: Die eigentlichen Membranzellen und deren Zusammenfügung zu Stacks (siehe Brennstoffzelle) sollen nicht sehr preiswert sein. Hinzu kommen bei nanoFlowcell noch Supercaps (Kondensatoren) zur schnellen Bereitstellung von elektrischer Energie, auch nicht gerade billig.

Aber es bleibt beim einfachen und schnellen Tanken. Auf den ersten Blick müssten dort im Prinzip nur zwei Tanks frei sein, die von Tanklastwagen allerdings viel häufiger als bisher bedient würden. Für einen schnellen Anfang vielleicht nicht schlecht, bis dann die Tankstelle selbst aus Salzlösungen eine Plus- und eine Minus-Flüssigkeit herstellen kann. nanoFlowcell geht noch weiter, weil man den kleineren der beiden Prototypen mit 48V-Technik betreibt.

⌷╎╎╎ Reichweite

Wall Connector Technical details			Recharge speed Miles of range per hour of change		
Circuit breaker (amps)	Max. output (amps)	Power at 240 volts (Kilowatt)	Model 3 (mph)	Model S (mph)	Model X (mph)
100	80	19,2 kW	44	52	45
90	72	17,3 kW	44	52	45
80	64	15,4 kW	44	46	40
70	56	13,4 kW	44	40	35
60	48	11,5 kW	44	34	30
50	40	9,6 kW	37	29	25
45	36	8,6 kW	34	26	23
40	32	7,7 kW	30	23	20
35	28	6,7 kW	26	20	17
30	24	5,7 kW	22	17	14
25	20	4,8 kW	19	14	11
20	16	3,8 kW	15	11	8
15	12	2,8 kW	11	7	5

Weil im Internet so viele Irrtümer über das Laden von Tesla Models auftauchen, hier noch einmal der Unterschied zu USA. Übrigens muss man auch in Großbritannien für dreiphasigen Strom drei Zähler extra ordern und natürlich auch monatlich bezahlen.

Die Tabelle oben aus dem Support von Tesla Amerika geht also von einer Wallbox aus, die einphasig angeklemmt ist, wie schon im Vergleich zu

Deutschland erwähnt, an erschreckend dünnen Litzenkabeln. Die erste Spalte zeigt die Höhe der Absicherung, die zweite die maximal mögliche Ladestromstärke.

Wenn Sie das mit den in deutschen Haushalten möglichen, einzig nur genehmigungsfreien 3 * 16 A vergleichen, können Sie vielleicht die Schwierigkeiten der Tesla-Modelle hierzulande am Wechselstrom erahnen. Beachten Sie bitte, dass diesmal sogar von 240 Volt ausgegangen wird, was die Leistung noch erhöht.

Zusammen mit einer Wallbox, auch wenn sie dreiphasig angeschlossen ist, werden hier noch nicht einmal 11 kW erreicht, obwohl das Fahrzeug dies vorgaukelt, wenn man denn von km/h auf kW umgeschaltet hat. Man merkt den Schwindel, wenn man diese 11 kW mit der Restladezeit von z.B. 8 Stunden malnimmt und dann z.B. die schon vorhandenen kWh addiert. So viele insgesamt hat dann auch ein Tesla bei weitem nicht.

> Vermutlich sind in USA so viele Stromleitungen in der Luft verlegt, weil sie in der Erde zu heiß würden (Scherz).

In Amerika ist man frei von solchen Restriktionen. Selbst wenn man sich mit 60 A (!) begnügt, kann man über Nacht ohne Probleme von 5 auf 80 Prozent vollladen, auch wenn das 75 kWh sind. Es wäre sogar bei 110 V kein allzu großes Problem. Das Schema mit diesen enormen Stromstärken erklärt auch, warum man bei Tesla gar keine Notwendigkeit gesehen hat, das dreiphasige Laden vorzusehen.

Nebenbei offenbart diese Tabelle, wie Tesla die einzelnen Ladeleistungen in die berühmten mph bzw. km/h für die verschiedenen Modelle umrechnet. Dabei sind die beiden Großen beim sehr schnellen Laden mit Wechselstrom Spitzenreiter, während sich das Model 3 ab dem mittleren Bereich der Ladegeschwindigkeiten deutlich durchsetzt. Da scheinen die realen Verbräuche aller drei Modelle durch. Erstaunlich der meist größere Abstand zwischen Model 3 und S gegenüber S und X.

▢||| Elektromotor 1

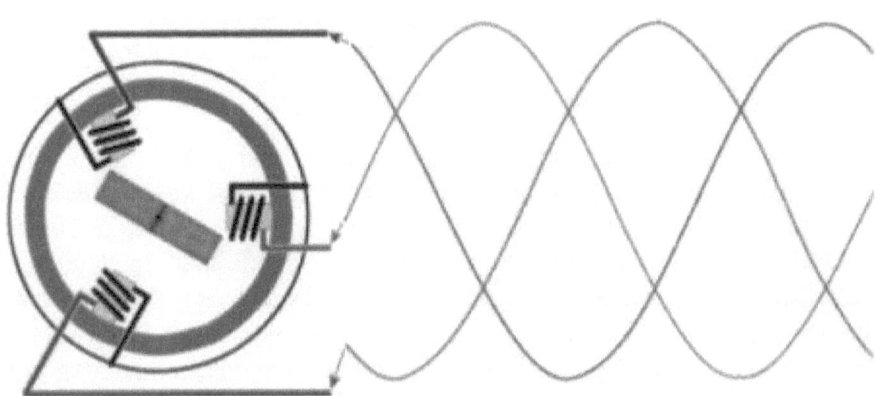

Abbildung 96

Elektrische Energie für eine Drehbewegung, Drehmoment mit möglichst hohem Wirkungsgrad, das ist die Aufgabe von Elektromotoren. Dabei kommen die Gesetze des (Elektro-) Magnetismus zur Anwendung. Nach ähnlichen Prinzipien funktionieren auch Generatoren. Im Kfz-Bereich setzen sich zunehmend Maschinen durch, die zwischen beiden Betriebsarten umschaltbar sind.

Die durch Rekuperation oder die mit Motorkraft gespeicherte Energie schafft Raum für zusätzlichen Boost am Hybridantrieb ohne Plug-In z.B. für eine bessere Beschleunigung und/oder einen sparsameren Verbrennungsmotor. So kann der Gesamtwirkungsgrad auch außerhalb des Stopp- and Go-Verkehrs verbessert werden. Technisch spricht man von einem Generator, wenn Drehzahl und Drehmoment gegeneinander gerichtet sind, im Drehmoment/Drehzahl-Diagramm Quadrant II und IV. Bei gleicher Richtung ist es dann ein Motor, Quadrant I und III.

Es gibt auch für den Hausgebrauch genügend Motoren, die am 50-Hz Stromnetz mit stets gleicher Drehzahl laufen, vom Drehmoment und der Drehzahl her angepasst durch einstufige Getriebe. Zum Antrieb eines Fahrzeugs bedarf es natürlich E-Motoren mit variabler Drehzahl. Diese könnte rein theoretisch durch Soll-Istwert Vergleich geregelt oder aber einfach nur gesteuert sein, also ohne Kontrolle der letztlich erreichten Drehzahl. Als Kfz-Antrieb kommen aber nur erstere in Frage.

Muss die Geschwindigkeit sehr exakt eingehalten werden, sprechen wir meist von einem Servoantrieb. Hierbei kann sogar der Motor je nach Position geregelt werden, dreht z.B. bei Ansteuerung um genau festgelegte Winkelgrade weiter. So ein Bedarf besteht beim Fahrzeugantrieb nicht. Gleichwohl ist Sensorik erforderlich, allen voran die Temperaturmessung, entscheidend z.B. für eine Leistungsbegrenzung oder im anderen Fall eine Boost-Funktion. Ansonsten kann auch noch die Stromaufnahme sensiert werden.

Elektrische Fahrzeugmotoren verfügen nur selten über einen Direktantrieb. Selbst bei Verwendung als Radnabenmotoren gibt es sie sowohl mit als ohne Getriebe. Erstere grundsätzlich bei allen übrigen Einbaupositionen. Mechanische Übertragungselemente können z.B. den Betrieb des Motors in überwiegend wirtschaftlichen Betriebszuständen ermöglichen und außerdem für eine gewisse erforderliche Elastizität sorgen. Auch kann durch etwaig einzusetzende Kupplungen leichter Achsversatz ausgeglichen werden und der Motor vom Antrieb getrennt werden.

Nicht zu hohe Drehzahlen vorausgesetzt, richten sich die Kosten für einen elektrischen Antrieb nach dem erforderlichen Drehmoment, also vorwiegend nach Länge und/oder Durchmesser. Davon hängt bei gegebener Betriebsspannung auch der Strombedarf ab. Der bestimmt dann auch die Größe z.B. des Inverters. Neben der Drehzahlanforderung an den E-Motor kann das Drehmoment ökonomie- oder leistungsbezogen ausgelegt sein.

Für den Antrieb von Kraftfahrzeugen kamen lange Zeit nur zwei Drehstrommaschinen in Betracht. Wir nehmen uns als ersten den Synchronmotor vor, von dem oben schon ein schematisches Bild existiert. Als Rotor finden wir hier einen Dauermagneten, der von drei Phasen betriebenen elektrischen Spulen bewegt wird. Immer, wenn er gerade den Idealzustand seines Nordpols zu dem elektrisch erzeugten Südpol oder seines Südpols zu dem elektrisch erzeugten Nordpol erreicht hat, ändert sich die Polung.

Es ist ein wenig so, als locke man einen Hund mit einer Wurst durch die Wohnung. Der Hund läuft nur solange hinterher, wie er die Wurst gerade nicht erreicht. Hat er sie, sieht er keinen Grund mehr für Bewegung. Es gibt aber vermutlich auch einen Punkt, an dem er vielleicht das Interesse verliert und stehenbleibt, wenn der Abstand zur Wurst zu groß wird und er den möglichen Erfolg nicht mehr sieht.

So etwas Ähnliches gibt es auch beim Synchronmotor. Verlangen wir ihm nämlich ein Drehmoment ab, dann wird der Winkel zwischen z.B. seinem Nordpol und dem nächsten elektrisch erzeugten Südpol immer größer. Überschreitet dieser Winkel 90°, dann kommt der Rotor zum Stillstand bzw. äußert sich nur noch durch leichte Ruckelbewegungen. Ein nutzbares Drehmoment gibt er dann jedenfalls nicht mehr ab.

Jetzt ist natürlich so ein Motor, wie er hier im dreiphasigen Netz arbeitet, im Kraftfahrzeug nicht nutzbar. Zum ersten müssen ja diese drei Phasen, die sonst quasi ans Haus geliefert werden, hier erst noch aus der Gleichspannung einer Hochvoltbatterie erzeugt werden und dürfen zweitens auf keinen Fall mit stets der gleichen Frequenz betrieben werden, weil wir natürlich wechselnde Drehzahlen brauchen.

Tesla Model S hinten: Mechanischer Inverter (oben links) und Motor (unten rechts) . . .

Abbildung 97

Wenn wir einmal den Wechsel der Polung in den drei Phasen als eine Art vorgegebene Drehzahl ansehen, dann läuft der Rotor dieser exakt hinterher.

Er überholt nicht, sein Abstand als Winkel wird sogar mit mehr abgegebenem Drehmoment größer. Die Frequenzumrichtung, bei der übrigens auch ein Rückwärtsgang möglich ist, wird durch einen Inverter geregelt. Dessen Größe hängt ab von der maximalen Stromaufnahme des Motors. Das kann eine moderne Leistungselektronik sein (Bild oben), oder einzelne Funktionen können mechanisch durch einen Drehmechanismus (Bild oben) ähnlich dem Motor erzeugt werden.

Model S vorn: Elektronischer Inverter (links), Motor (rechts) . . .

Abbildung 98

Zusammenfassend kann man den zu den Drehfeldmaschinen gehörenden Drehstrommotor so erklären, dass im Stator ein magnetisches Drehfeld erzeugt wird, ohne dass hier irgendeine mechanische Drehung vollzogen wird. Diese wird z.B. je nach Gaspedalstellung eingestellt und bei dessen Änderung kontinuierlich nachvollzogen. Der Rotor mit seinen permanent wirkenden Magnetpolen reagiert entsprechend.

▫▬▯ Elektromotor 2

Abbildung 99

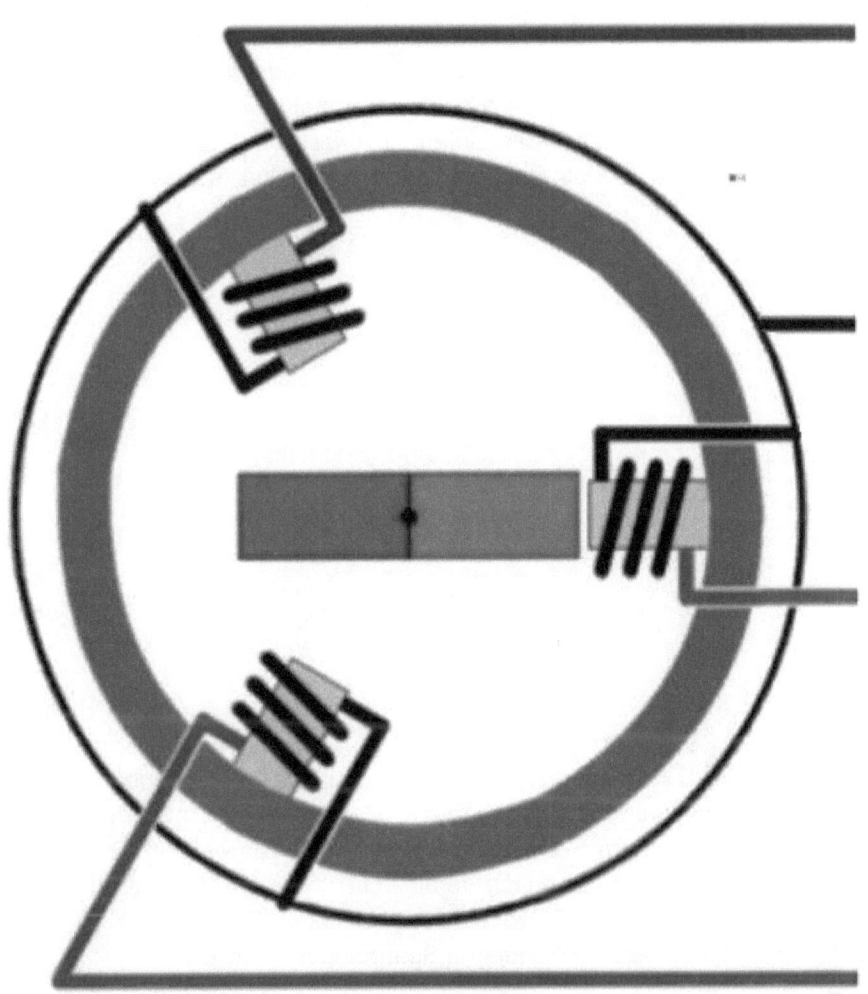

Die Kabelfarben passen übrigens zu der unten gezeigten Verdrahtung.

Man hört viel von dem auch für Elektroautos so wichtigen Thema. Hier einmal der Versuch, die beiden miteinander zu vergleichen und dabei die Unterschiede herauszuarbeiten.

Zunächst einmal haben wir es hier mit Drehstrommaschinen zu tun. Sie sind beide bürstenlos, was bedeutet, es gibt keine wie auch immer geartete direkte elektrische Verbindung zwischen der Außenwelt und dem Rotor, dem drehenden Teil. Das heißt aber nicht, dass in diesem keine Stromleitungen verlegt sein können.

Dies ist massiv im Stator der Fall, dem stets festen Teil einer Drehstrommaschine. Stator heißt auch nicht unbedingt, dass er den Rotor umgibt, sondern es gibt auch Konstruktionen, bei denen sich der Rotor um den Stator dreht (letztes Video unten). Da wir aber auf der Suche nach Informationen über E-Motoren von Elektroautos sind, schließen wir diese Bauart hier aus.

Abbildung 100

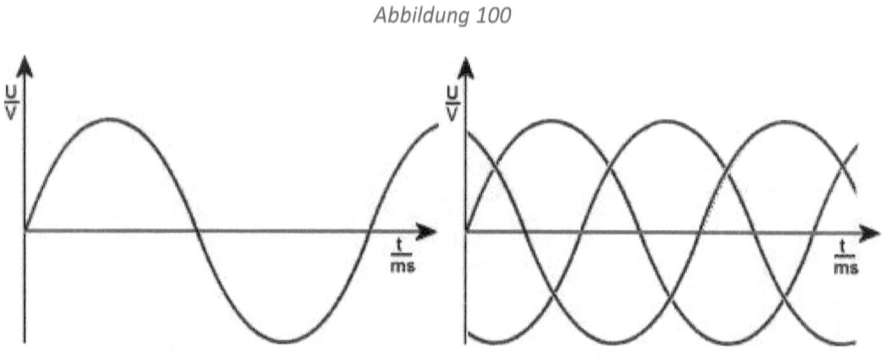

Drehstrom, im Bild rechts, das sind diese drei Phasen, in denen zu einem bestimmten Zeitpunkt die Spannung nie übereinstimmt. Im Grunde sind es drei Wechselströme, im Bild links, die aber in einer gewissen Beziehung zu einander stehen. Man kann sich vereinfacht vorstellen, dass sie in einem Generator erzeugt wurden, wo ein magnetisierter Rotor in drei um 120° gegeneinander versetzte Wicklungen Spannungen induziert hat.

Abbildung 101

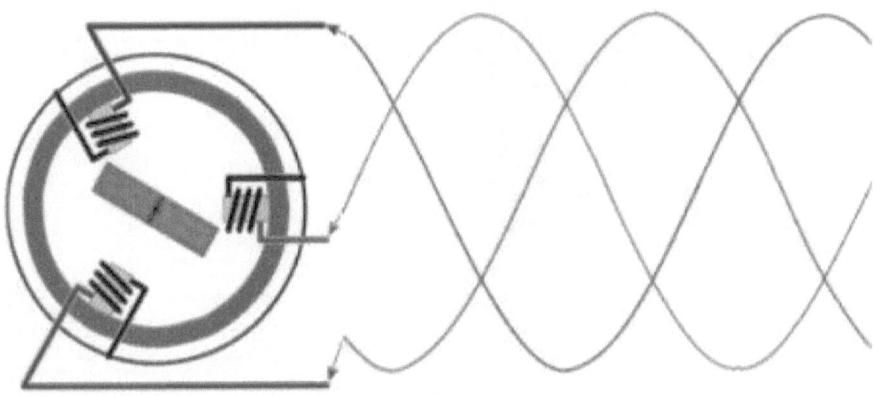

Das Gleiche, nur umgekehrt, passiert jetzt in einem Synchronmotor. Wichtig zu erwähnen, dass der Rotor aus einem Neodym-Magneten (seltene Erde) bestehen kann, der bezogen auf seine Masse wesentlich mehr magnetische Kraft entwickelt als ein herkömmlicher Ferrit-Magnet, wichtig, um am Motor des E-Autos Gewicht zu sparen.

Abbildung 102

 kfz-tech.de/PeD1

Der Rotor des Asynchronmotors ist übrigens nicht von sich aus magnetisch, hier also schon einmal ein wichtiger Unterschied. Er ist durchzogen von Stromleitern, in denen durch das vom Stator erzeugte Magnetfeld elektromagnetische Kraft erzeugt wird, die zunächst geringer ist als die beim Synchronmotor, der dadurch beim Anlauf mehr Drehmoment erzeugen kann.

Stator eines herkömmlichen Drehstromgenerators . . .

Abbildung 103

Egal, ob jetzt elektrisch erzeugt oder rein magnetisch, Nordpolen im Rotor stehen zunächst einmal Südpole im Stator gegenüber, was natürlich auch für die Südpole im Rotor gegenüber den Nordpolen im Rotor gilt. Damit sich etwas tut, müssen die Pole im Stator auf den jeweiligen Nachbarn in der verlangten Drehrichtung wechseln.

Abbildung 104

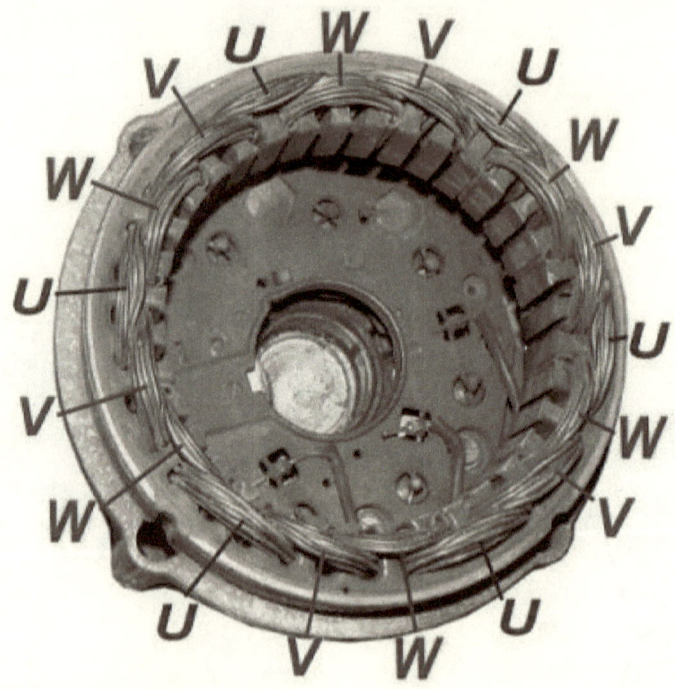

kfz-tech.de/PeD2

Die Verdrahtung des Stators bei einem Drehstrommotor unterscheidet sich von der oben gezeigten bei einem Generator. Hier werden die einzelnen Elektromagneten einzeln geschaltet, und zwar so, dass immer ein E-Magnet mit dem Nordpol zum Rotor hin einem solchen mit dem Südpol zum Rotor hin folgt und umgekehrt.

Durch Veränderung der Schaltung kann ein Drehstrommotor wie ein Drehstromgenerator arbeiten.

Bei beiden Motoren müssen also durch eine ausgeklügelte Elektronik die Felder quasi in Drehrichtung wechselnd angesteuert werden, so dass der Rotor mit seinen Feldern wie ein Hund hinterherläuft. Dabei bestimmt die Schnelligkeit des Wechselns die Drehzahl des Rotors, die beim Synchronmotor stets angepasst ist.

An dieser Stelle könnten wir eigentlich schon unsere Beschreibung beenden, wären da nicht wesentliche Unterschiede beim Verhalten der beiden Motorarten. Beim Synchronmotor ist das Magnetfeld im Rotor sehr stark und starr. Es wird also mit großer Kraft den Wechsel auf die nächsten Elektromagneten im Stator vollziehen. Er hat im Prinzip gar keine andere Möglichkeit, als immer der Umschaltung exakt hinterherzulaufen.

> Synchronmotor: Drehzahl Rotor = Drehzahl des umlaufenden Elektromagnetfeldes

Umgekehrt wird ein Problem daraus. Je mehr Last ihm zugemutet wird, desto stärker hinkt er trotzdem irgendwann hinterher. Aber da er Synchronmotor heißt, ist der Winkel des Hinterherhinkens nicht beliebig. Man kann sagen, dass sich z.B. seine Nordpole im Rotor allerhöchstens so weit von den Südpolen im Stator entfernen dürfen, bis sie sich in der Mitte auf halbem Weg zum vorigen Nordpol befinden.

Wird der Abstand noch etwas größer, ist es aus und vorbei mit der Kraft des Synchronmotors. Er ist dann eben nicht mehr synchron. Es mag Schaltungen geben, die das Problem lösen helfen, die aber hier nicht Thema sind. Hinkt der Rotor des Synchronmotors um mehr als die Hälfte des Abstandes der E-Magneten im Stator hinterher, dann bleibt er stehen und brummt nur noch vernehmlich.

Sie ahnen schon, der Asynchronmotor unterscheidet sich hier wesentlich. Daher auch sein Name. Sein Magnetfeld wird quasi von außen erzeugt. So passiert bei Verzug eine Art Umorientierung. Das wirkt sich auf den E-Magnetismus im Rotor aus. Der läuft dann mit noch größerem Abstand dem rotierenden Magnetfeld hinterher, er ist nicht mehr synchron, also asynchron.

Der Asynchronmotor nimmt Überlastung viel weniger übel als der Synchronmotor, der schon vom Prinzip her nicht beliebig überlastet werden kann. Natürlich ist die Überlastung des Asynchronmotors immer mit einer stärkeren Erwärmung verbunden. Im nächsten Kapitel eine Weiterentwicklung der Drehfeldmaschinen, der Reluktanzmotor.

Abbildung 105

 kfz-tech.de/YeD4

Abbildung 106

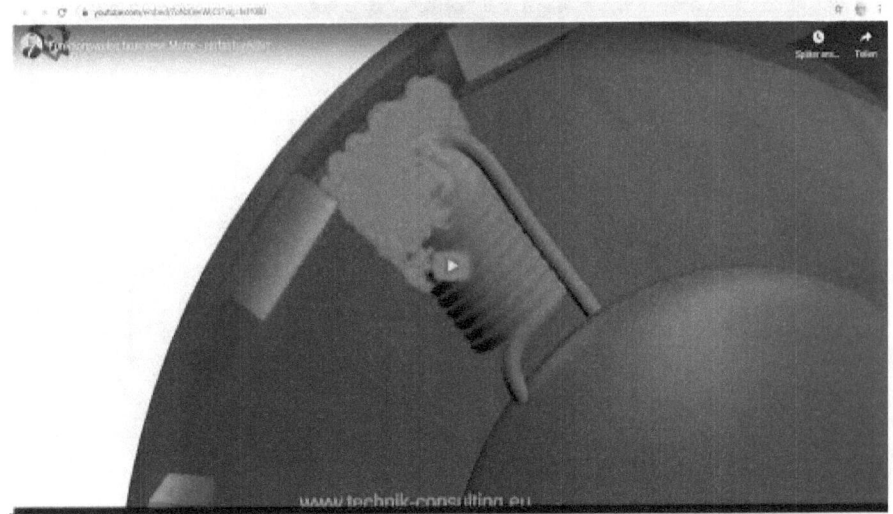

kfz-tech.de/YeD5

▢▮▮ **Elektromotor 3**

Abbildung 107

Die Synchronität der Drehzahl des Rotors zu der des Drehfeldes hatten wir geklärt. Es verändert sich nur der Abstand, läuft also bei Belastung stärker hinterher. Hier gibt es ein sogenanntes Kippmoment, bei dem eine weitere Vergrößerung des Abstands ein Stehenbleiben des Motors bewirken würde. Synchronmotoren werden in der Regel nur bis zum halben Kippmoment belastet. Auf der Basis umlaufender Drehfelder gibt es auch bürstenlose Gleichstrommotoren.

Um den Asynchronmotor erklären zu können, müssen wir noch einmal auf das Grundmodell im Magnetfeld geschnittener elektrischer Leiter zurückkommen. Man kann also an den Enden der sich drehenden Leiterschleife eine Spannung abgreifen und hätte einen Generator. Oder man würde diese an eine Spannungsquelle anschließen und hätte einen Motor. Dazu bräuchten wir allerdings wieder die mechanische Verbindung der Schleifenenden nach draußen und die hat zumindest der hier besprochene Asynchronmotor nicht.

Wir ändern die Versuchsanordnung oben ab und schließen die Leiterschleife kurz, verbinden also die beiden Enden miteinander. Wenn wir jetzt den äußeren Dauermagneten drehen, dann meinen wir natürlich eigentlich ein Drehen des äußeren Magnetfeldes durch Phasenverschiebung und nicht mechanisch, wie das beim Synchronmotor beschrieben wurde. Solange die innere Leiterschleife sich nicht dreht, wird hier genauso eine Spannung induziert, als würde sie sich drehen und das äußere Magnetfeld stillstehen.

Es wird also über den vom Stator kommenden Magnetismus in der Leiterschleife des Rotors Elektrizität erzeugt, die diesen so magnetisiert, dass er sich gegen das äußere Magnetfeld abstützen kann und ein Drehmoment erzeugt wird. Natürlich muss die Ansteuerung des elektromagnetischen Rotors anders sein als beim Synchronmotor. Mit einer einfach durch drei Phasen erzeugten Sinusspannung würde sich gar nichts tun. Jetzt machen wir hier einen Schwenk zu den Betriebsdaten und nähern uns dem Unterschied zwischen beiden Motorarten von einer anderen Seite.

Wir schauen uns jeweils das Typenschild eines Synchron- und eines Asynchronmotors an. Allerdings sind das jetzt keine Fahrzeugmotoren, sondern die haben die gleiche Drehzahl. 50 Hertz, also 50 Schwingungen pro Sekunde, entsprechen 3000 pro Minute. Das wäre die Drehzahl bei einem Polpaar. Unten der Motor hat 4 Polpaare, würde also bei 50 Hz 750 Mal in der Minute drehen.

Abbildung 108

Bei einem Synchronmotor erwarten wir eine entsprechende Drehzahl im Typenschild, denn auch wenn der Rotor bei Belastung dem sich drehenden Magnetfeld um einen bestimmten Winkel (unter 90°) hinterherhinkt, so hat er trotzdem die gleiche Drehzahl. Und genau das ist beim Asynchronmotor anders. Da würde im Typenschild eine etwas kleinere Drehzahl als 750/min angegeben sein, z.B. gut 3 Prozent weniger. Und genau daran würde man schon im Typenschild einen Asynchronmotor erkennen.

Leider ist diese Erkenntnis für unsere Fahrzeugmotoren nicht sehr brauchbar, erklärt aber gut einen Teil des Unterschieds zwischen beiden Motorarten. Das Drehfeld muss z.B. beim Motoranlauf die schon beschriebene Induktion in die Leiterstäbe und damit den zum Antrieb nötigen Magnetismus im Rotor wirksam werden lassen. Die im Gegensatz zu Synchronmotoren nicht konstante Abweichung, die auch den Namen des Asynchronmotors begründet, wird auch als 'Schlupf' bezeichnet, im obigen Fall etwas über 3 Prozent.

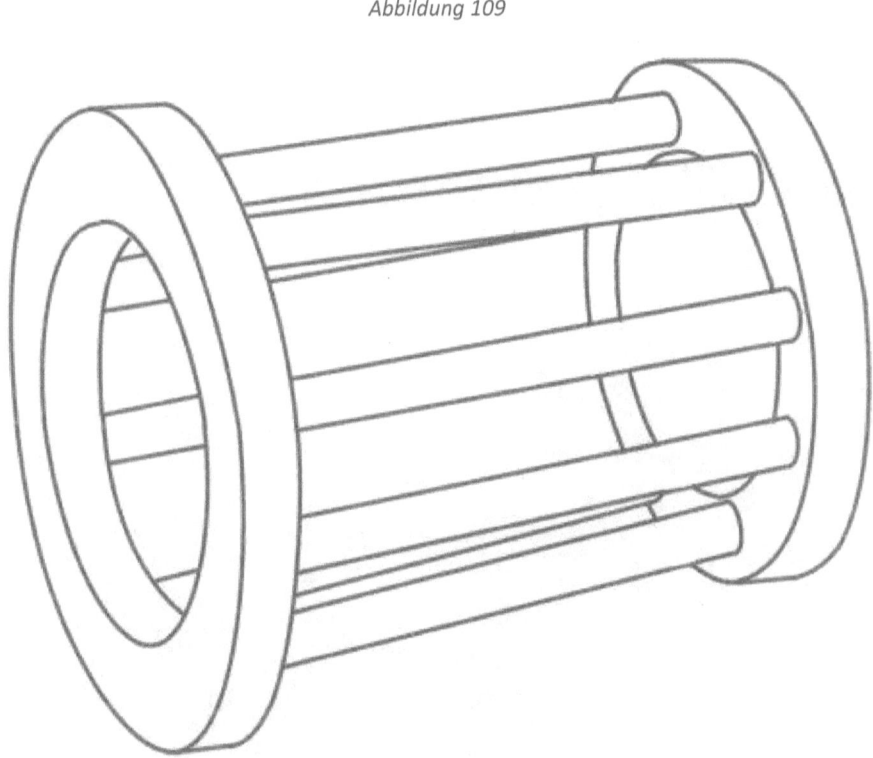

Abbildung 109

Ein Kurzschlussleiterkäfig besteht aus parallel zur Rotorachse angeordneten Leiterstäben die an ihren Enden in stets den gleichen beiden Kurzschlussleiterringen münden. Vereinfachend könnte man auch zwei gegenüberliegende Leiterstäbe herausgreifen und diese an einem Ende miteinander verbinden. Unten ist diese am anderen Ende offene Leiterschleife so in einen Dauermagneten eingepasst worden, dass sie sich drehen kann.

Im Gegensatz zu einem Motor mit Schleifringen kann man sich nicht mit einer Leiterschleife begnügen. Es muss also ein solcher Kupferkäfig im Rotor des Asynchronmotors integriert sein. Die Anzahl der Leiterschleifen ist deutlich größer als nur die je zweier Stäbe, weil von diesen jeder Teil von mehr als einer Leiterschleife sein kann. Im Unterschied zum Synchronmotor gibt es übrigens nicht die Grenze von 90° zwischen Läufer und äußerem Drehfeld, wenn dem Motor zu viel Drehmoment abverlangt wird.

Wiederum zusammenfassend kann man den Asynchronmotor wie den Synchronmotor den Drehfeldmaschinen zuordnen. Die Vorgänge im Stator sind im Prinzip die gleichen. Aber der Rotor enthält einen sogenannten Kurzschlusskäfig aus elektrisch leitendem Material. In diesem werden Ströme induziert, die zusammen mit dem Drehfeld des Stators tangential wirkende Kräfte und damit eine Drehbewegung erzeugen.

▫▥ Elektromotor 4

Abbildung 110

Unsere gewohnten Verbrennungsmotoren bestehen im Prinzip aus einem Wandler, der chemische bzw. Wärmeenergie in mechanische umwandelt und einem zu dessen Betrieb nötigen Steuergerät, das sich der Hilfe von Sensorik und Aktuatorik bedient. Wird der Verbrennungsmotor durch einen elektrischen ersetzt, kommt noch ein Stellglied hinzu, das die gesamte elektrische Energie aufnimmt und damit den Motor nicht nur antreibt, sondern auch steuert. Das erklärt auch deren wesentlich größere Bauart im Vergleich zu Steuergeräten bei Verbrennungsmotoren.

Die Rede ist hier von elektrischen Motoren mit Wicklungen im Gehäuse und Permanent- oder Elektromagnete im Rotor. Die werden mit dreiphasigem Wechselstrom (Drehstrom) angetrieben werden zu können. Da dieser auch in einem Kraftfahrzeug mit Hochvoltbatterien nicht vorhanden ist, haben Wechselrichter die Aufgabe, diesen Drehstrom aus dem im Kraftfahrzeug gespeicherten Gleichstrom zu erzeugen. Beim Betrieb von starken E-Motoren im Haushalt sind sie nicht nötig, weil dort schon Drehstrom aus dem Netz ankommt.

Die Permanentmagnete haben rechtzeitig zu ihrer Verwendung im Automobil eine von den Werkstoffen her bemerkenswerte Entwicklung hinter sich. Hier finden die aus seltenen Erden gewonnenen Werkstoffe Verwendung, z.B. Neodym, das die bisher bekannten Eigenschaften von Permanentmagneten entscheidend verbessert. Wegen fehlender direkter Leitungsverbindung (z.B. Schleifringe) gelten die Motoren in modernen E-Fahrzeugen bis auf die Lagerung des Rotors (Bild unten) als weitgehend verschleißfrei. Besonders beliebt ist bei den Autofahrern/innen auch schon heute das enorme Drehmoment von Elektromotoren vom untersten Drehzahlbereich an.

Abbildung 111

Ein Zusatzaspekt ist auch schon bei bestimmten, leistungsorientierten Verbrennungsmotoren der sogenannte 'Boost'. Während aber hier besonders der Schaden durch den Druck eines erhöhten Ladedrucks die Boostphase begrenzt, ist es beim Elektromotor ausschließlich die Erwärmung. Das betrifft vor allem die Wicklung, deren Isolation dabei dauerhaften Schaden nehmen kann und sogar zu einem Brand führen kann. Es geht darum, eine Balance zwischen gerade noch zulässiger Erwärmung der Wicklung und erhöhtem Dauerstrom zu finden.

In jedem Fall ist natürlich eine Auslegung auf ein geringeres maximales Dauerdrehmoment mit gelegentlichem Boost ökonomischer als der größere Motor, der auch das maximale Drehmoment auf Dauer abdeckt, zumal solche relativ kurzen Beschleunigungsphasen sehr gut zu unserer heutigen Verkehrssituation passen. Wichtig in diesem Zusammenhang, dass auch die Größe von Stellgliedern mit der Leistungsfähigkeit von Elektromotoren wachsen muss, weil sie ja die gesamte zugeführte Energie verwalten müssen. Nicht selten kommen übrigens die Kühler mitsamt Kühlergrill wieder ins Auto, weil nicht nur die Batterien, sondern auch die anderen Bauteile des elektrischen Antriebs diese brauchen.

Abbildung 112

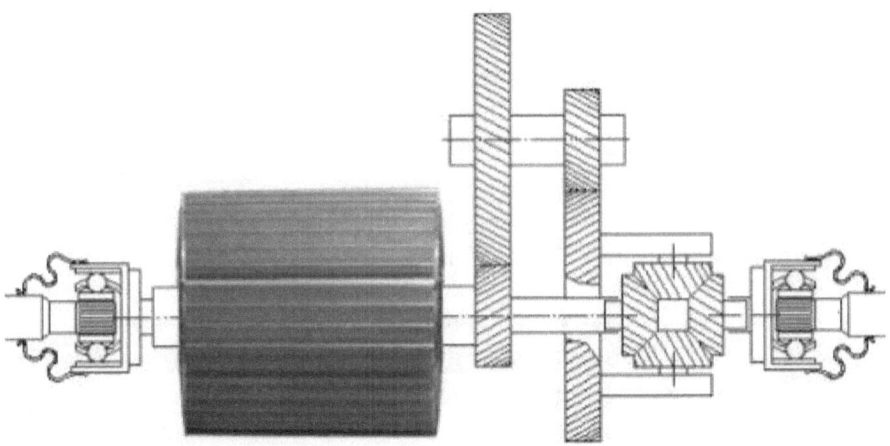

Chevrolet Bolt EV 400 A, 360 Nm, 150 kW (204 PS), max. 8.810/min, Frontantrieb, quer, feste Übersetzung 7,05, 2,9 Liter synthetisches Automatiköl

Das ist eine Skizze der Antriebseinheit des Chevrolet Bolt EV von 2017. Es gab sie in dieser Form schon einmal in der Honda FCX-Limousine. Die Besonderheit liegt in der doppelten Drehzahlreduktion vor dem Kraftfluss zu den Rädern. Dadurch ein wenig bedingt ist hier die Führung einer der beiden Antriebswellen vom Achsantrieb durch die Hohlwelle des E-Motors.

Bevor wir uns weiter darüber unterhalten, müssen wir uns erst einmal über die Besonderheiten des Drehmoments von Elektromotoren klar werden. Dessen Vergleich ist bei Fahrzeugen mit Verbrennungsmotor relativ einfach, da diese in der Regel eine vergleichbare Drehzahl haben, besonders, wo sich in letzter Zeit der Benzinmotor sogar dem Diesel annähert.

Was, wenn ein Vergleichsmotor 500 statt der 360 Nm des Bolt EV, aber statt der 7,05 nur eine Übersetzung von sagen wir 4,5 : 1 hätte? Ersteres ergäbe 2.538 Nm, letzteres 2.250 Nm an den Antriebsrädern und das ist entscheidend. Unterscheidet sich also bei zwei E-Fahrzeugen die Übersetzung, muss man mehr auf das Drehmoment an den Rädern als am Motor achten.

Der Antrieb oben ist für die Vorderachse bestimmt. VW konzipiert ihn gerade für die Hinterachse. Vorteil: man kann durch einen zusätzlichen Antrieb vorn Allradantrieb anbieten. Dieser Antrieb des Chevrolet Bolt ist offensichtlich nur für Zweiradantrieb geplant, denn er wird wohl nicht ganz so leicht hinten anzubringen sein. Er hat den Vorteil von mehr Platz hinten, wofür auch immer.

Zumal über ihm auch noch ein Hilfsrahmen montiert ist, der fast dem unteren für die Querlenker gleichkommt. Darüber sind dann z.B. Inverter und der/die Wandler angeordnet, die zum Laden von Gleich- oder Wechselspannung gebraucht werden. Alle hängen am selben von insgesamt drei Kühlkreisen im Chevrolet Bolt, sind hintereinander über eine E-Pumpe mit dem großen Alu-Kühler verbunden.

Dabei ist die Wärmeentwicklung des Motors wohl am größten, weshalb er an letzter Stelle in der Reihenfolge angeordnet ist, vor dem Rücklauf in den Kühler. Die Motorwärme nimmt zunächst das Öl auf, das sich ebenfalls in einem Kreislauf mit E-Pumpe befindet. Unter dem Motor dann der integrierte Öl/Kühlmittel-Wärmetauscher.

Dem E-Auto bleibt also vorerst weder die Bremsflüssigkeit noch das Öl noch das Kühlmittel erspart. Einzig sind für Ab- und Zugang vom Kühler die Rohrquerschnitte etwas geringer. Es gibt sogar einen Stellmotor, der normalerweise für die Gangwahl benutzt wird, der hier aber nur die Parksperre nahe dem Rad oben rechts einlegen darf.

Womit wir wieder beim oben gezeigten Layout wären. Volkswagen hat beim E-Golf zwei ähnliche Übersetzungen, legt die aber nach hinten aus. GM kehrt zur Ursprungsachse des Motors zurück. Die Führung durch den Motor ergibt neben der Kompaktheit den Vorteil zweier gleichlanger Antriebswellen, nicht ganz unwichtig für Fronttriebler mit so viel Drehmoment quasi aus dem Stand heraus.

Eigenartigerweise ist die Antriebseinheit am wenigsten von orangefarbenen Kabeln durchzogen. Sind die drei Phasen in Fahrtrichtung hinten einmal abgeklemmt, kann man auch ohne die speziellen Handschuhe weiter demontieren. Viele Dichtungen, die teilweise aus Aluminium bestehen, kommen zum Vorschein. Zum Wiedereinbau müssen alle ersetzt werden.

Es gibt tatsächlich weniger Teile als im Verbrennungsmotor, also kann auch weniger kaputtgehen. Obwohl also hauptsächlich nur die Lager der wenigen drehenden Teile potentiell erneuerungsbedürftig sein dürften. Ist doch schon bei der Demontage so manches Spezialwerkzeug nötig.

Wer z.B. den Rotor des E-Motors ausbauen will, lernt schon nach der unerlässlichen Lektüre der Anweisungen, dass an diesem seltene Erden wie z.B. Neodym die magnetischen Kräfte dermaßen vergrößern, dass an eine einfache Herausnahme aus eigener Kraft nicht zu denken ist. Berührungen mit dem Stator und Beschädigungen wären nicht zu vermeiden.

Sogar für den Ausbau des Stators danach sind drei Führungsstifte erforderlich. Und dann kommen noch die unvermeidlichen Scheiben zur Justierung der einzelnen Kugellager. Auch wenn viele von ihnen gleiche Dicke und Durchmesser haben, macht es doch Sinn, sie so zu bezeichnen, dass sie wieder an die gleiche Stelle kommen.

▢||| Elektromotor 5

Abbildung 113

Man unterscheidet Elektromotoren und Generatoren. Erstere wandeln elektrische Energie in Bewegungsenergie um, letztere genau das Umgekehrte. Im Elektroauto gibt es Maschinen, die zwischen beiden

Betriebsarten umschaltbar sind. Sie können zunächst Vortrieb erzeugen und dann bei einem leichten Bremsvorgang alleine die Geschwindigkeit des Fahrzeugs vermindern und gleichzeitig Strom produzieren. Natürlich kommt nie die gleiche Menge an elektrischer Energie zurück, die zum Vortrieb benutzt wurde.

Zum Motor wird die Maschine, wenn Drehzahl und Drehmoment gleichgerichtet sind, zum Generator bei deren umgekehrten Richtungen. Das Drehmoment versucht, die Drehbewegung zu erschweren, typisch für einen Bremsvorgang. Übrigens entsteht bei beiden Vorgängen Wärme, als verloren bezeichnete Energie, weil sie in Wärmeenergie übergegangen ist.

Die Motoren für einen Elektroantrieb wandeln Strom immer in eine rotatorische Bewegungsenergie um, erzeugen Drehmoment, das zur Antriebsachse geleitet wird. Dabei haben wir es mit zwei Massen zu tun, der des Rotors im E-Motor und der des gesamten Fahrzeugs, das anzutreiben ist. Dabei ist erstere in diesem Verhältnis sehr klein. Auch wenn der E-Motor eingekuppelt werden sollte und es sich (in Ausnahmefällen) um eine Flüssigkeitskupplung handeln würde, muss die Verbindung irgendwann als starr angesehen werden.

Nimmt man zudem noch eine gleichbleibende Verarbeitung elektrischer zu Bewegungsenergie an, kann man den Wirkungsgrad durch Teilen der abgegebenen zur zugeführten Energie bestimmen. Auch mit diesem Teil wird die Energiekette im E-Auto immer wichtiger, weil auch sie das Kernproblem des E-Antriebs mitbestimmt, die Reichweite.

Neben der erforderlichen Energie steht beim E-Auto die mechanische Antriebsleistung im Vordergrund. Die Positionierung in einem solchen Fahrzeug spielt dagegen eine untergeordnete Rolle. Sogar die bei Verbrennungsmotoren immer für wichtig erachtete Frage des Front- oder Heckmotors ist hier nicht relevant. Viel wichtiger, auch wegen ihres Gewichts, scheint die Position der Batterien zu sein. Der eigentliche E-Antrieb wirkt wie nachträglich hinzugefügt, bei Zweiradantrieb meist hinten.

Zurzeit scheint das Einganggetriebe eine beherrschende Stellung zu haben. Das liegt an der wesentlich gleichmäßigeren Drehmomentabgabe im Vergleich zum Verbrenner. Wird allerdings der Focus wieder mehr auf den Wirkungsgrad gelenkt, könnte mehr als ein Gang sinnvoll den Betrieb des E-Motors in seinem günstigsten Drehzahlbereich ermöglichen. Eine Übersetzung wird davon abgesehen wegen der unterschiedlichen Drehzahlanforderungen von E-Motor zu den Antriebsrädern immer nötig sein.

Die Technik im E-Auto basiert auf sogenannten bürstenlosen Motoren. Die beim Elektromotor zustande kommende Drehbewegung ist immer nur dann möglich, wenn sich zwei magnetische Felder schneiden. Eins von beiden muss elektromagnetisch sein, früher ohnehin grundsätzlich der Rotor. Zu diesem Zweck wurde ihm meist über zwei Kohlebürsten elektrische Energie zugeführt. Die Motoren waren verschleißträchtig und schwer.

Bürstenlose (brushless) Motoren haben Permanentmagneten im Rotor, die keinen Strom brauchen. Sie werden immer mit einer Art Drehstrom betrieben, haben deshalb auch mehr als zwei Zuleitungen. Sie brauchen meist einen komplexen elektronischen Regler, vielleicht mit ein Grund, warum sie erst relativ spät zuerst im Modellbau Fuß fassen konnten. Auch deshalb sind solche Motoren auch teurer. So kosten Motor und Regler in modernen Waschmaschinen als Ersatzteile oft sogar etwa gleich viel. Allerdings können seitdem, auch wegen der neuen Batterietechniken, z.B. Flugmodelle sinnvoll mit Elektromotoren ausgestattet werden.

Abbildung 114

Abbildung 115

 kfz-tech.de/YeD8

⌸⫼ Reluktanzmotor 1

Abbildung 116

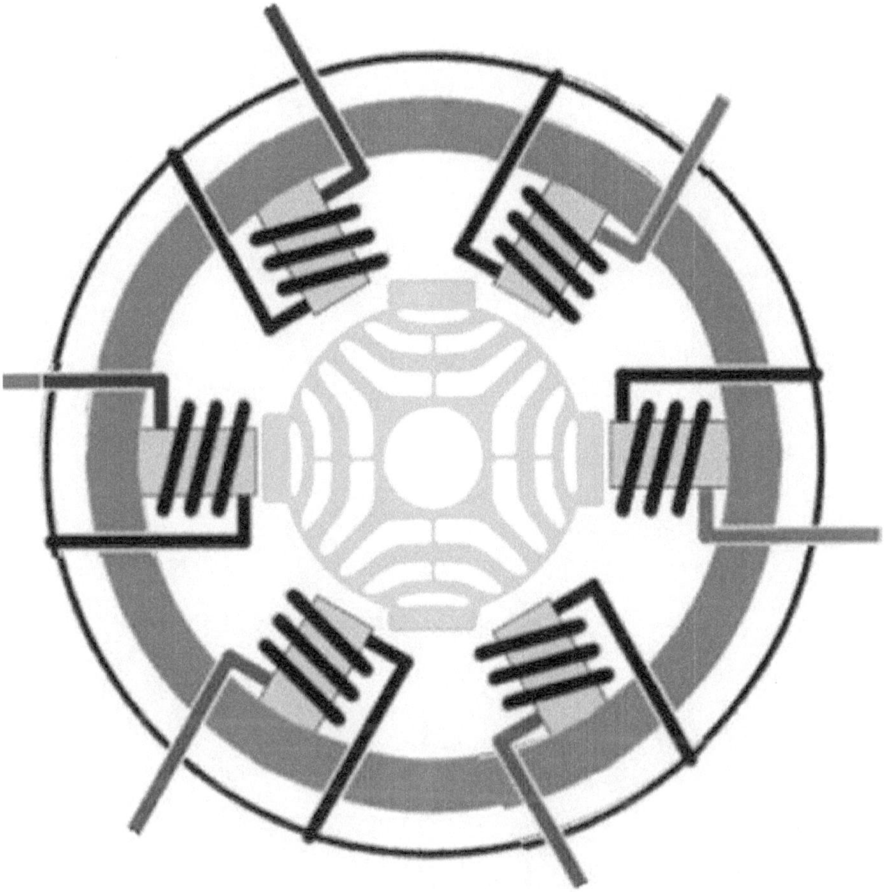

Das Bild zeigt den so ziemlich einfachst möglichen Reluktanzmotor mit einem Paket von Eisenblechen in der Mitte und außen herum sechs Spulen. Wären die Bleche magnetisch, so würde bei entsprechend eingeschalteten Spulen durch die Lorentzkraft ein Drehmoment entstehen, was das Blechpaket und damit den Rotor antreiben würde.

Genau das ist hier nicht der Fall. Beim Reluktanzmotor in seiner reinsten Form gibt es keinen Magnetismus im Rotor. D.h. der Reluktanzmotor kann eigentlich nicht zur Gattung der klassischen Synchronmotoren gezählt werden. Auch eine irgendwie geartete elektrische Wicklung oder einen Stern aus solchem Material wie beim Asynchronmotor sucht man vergebens.

Abbildung 117

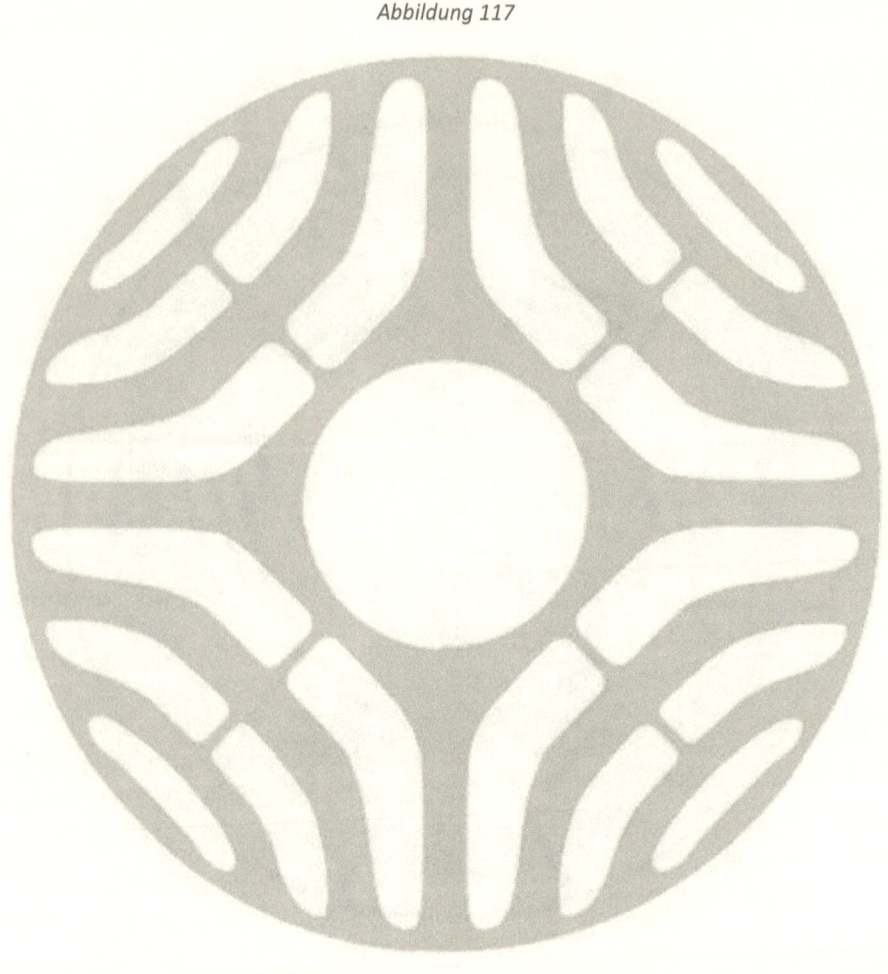

Das wäre jetzt eins der Bleche herausgezeichnet aus einer großen Menge, die hintereinander den wesentlichen Teil des Rotors bildet. Im einfachsten Fall können diese durch lange Schrauben zu einem Paket zusammengepresst werden. Schon bei teilmagnetisierten Paketen im Rotor wird dies z.B. von VW praktiziert.

Abbildung 118

Um aber zu zeigen, dass auch andere Kombinationen von Rotorblechen und Elektromagneten im Stator möglich sind und auch das Prinzip der Reluktanz besser erklären zu können, hier noch einmal ein Motor mit sechs Vorsprüngen innen und acht E-Magneten außen.

Abbildung 119

Es sind zwei wichtige Linien eingezeichnet, eine, die als Mittellinie der bei Drehung des Rotors im Uhrzeigersinn des nächsten in Frage kommenden E-Magneten angenommen werden kann und die andere, die als Mittellinie der nächsten Erhebungen der Bleche im Rotor gelten soll.

Reluktanz kann angesehen werden als das Streben nach minimalem magnetischen Widerstand. Wenn also die beiden E-Magneten oben rechts und unten links abgeschaltet und die oben links und unten rechts eingeschaltet werden, dann ist bei Letzteren die optimale Reluktanz noch nicht erreicht.

Also wird der Rotor praktisch gezwungen, so weit zu drehen, dass die beiden Linien aufeinander fallen. Sie ahnen schon, dann tritt das nächste Paar von

E-Magneten auf den Plan. Vorteil des Systems, es ist der von Rohstoffen unabhängigste und damit bei weitem kostengünstigste Rotor, den man sich denken kann.

Aber Reluktanzmotoren haben noch den Nachteil, nicht die hohen Leistungen von Automotoren zu schaffen, weshalb alle Hersteller, die behaupten, dieses Prinzip zu verwenden, z.B. Tesla beim Model 3, immer noch mit zusätzlichen E-Magneten arbeiten. Bleibt als Vorteil nur, dass es weniger als z.B. bei reinen Synchronmotoren sind.

Abbildung 120

Hier sieht man, dass die Reluktanz auch bei dem Motor ganz oben funktioniert. Allerdings war ein deutlich größerer Winkel zu überwinden, um den geringsten magnetischen Widerstand zu erreichen, als bei dem Stator mit acht E-Magneten. Der Motor dürfte also sein Drehmoment weniger gleichmäßig abgeben. Im Mittel wird das auch weniger sein und der Lauf des Motors unruhiger. Noch mehr Arbeit für die Steuerelektronik.

▣◫ Reluktanzmotor 2

Abbildung 121

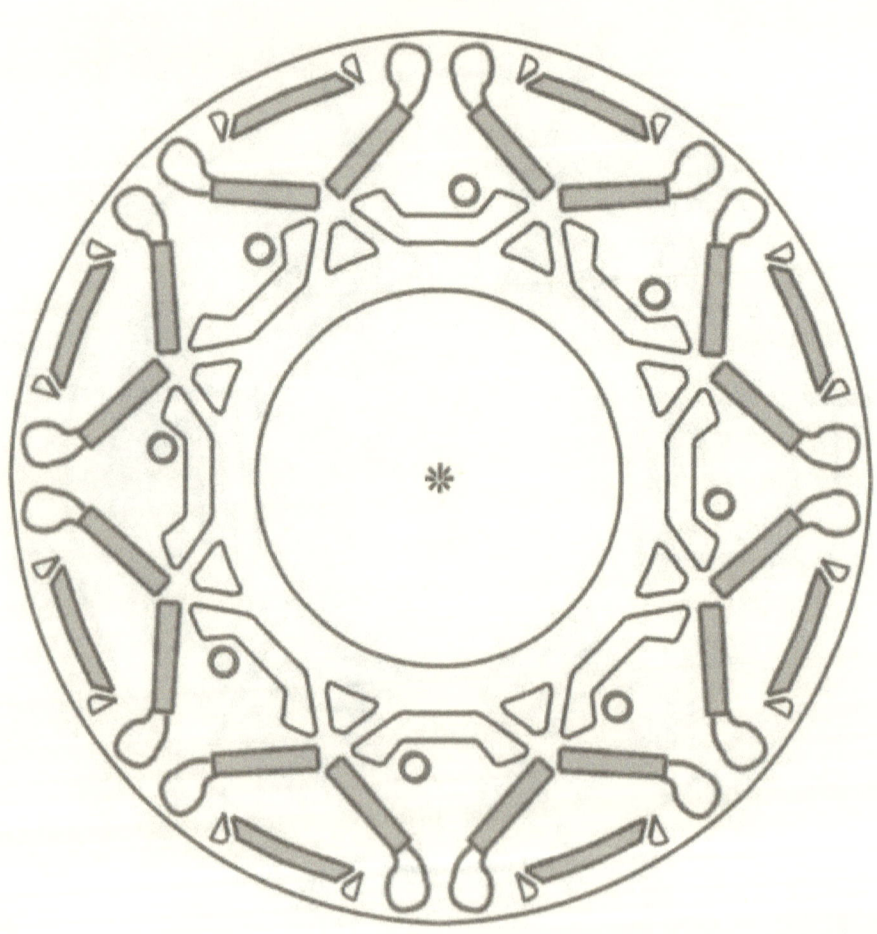

Oben der nachgezeichnete Rotor des Motors im ID.4 hinten, von VW als Synchronmotor bezeichnet. Die grau unterlegten Flächen sollen Dauermagnete darstellen, die parallel zur Achse in entsprechenden

Öffnungen der Rotorbleche angeordnet sind. Da diese in vier Gruppen geteilt und gegeneinander leicht versetzt sind, kann man davon ausgehen, dass auch die Magnete entsprechend gekürzt sind.

Es wird sich also nicht um 3 x 8 = 24, sondern um 24 x 4 = 96 Magnete handeln. Das tut aber in diesem Kapitel nichts zur Sache, weil es eigentlich um den Reluktanzmotor geht. Die übrigen Öffnungen sind frei, bis auf die kleinen runden, durch die das Paket mit langen, komplett durchgehenden Schrauben zusammengehalten wird.

Abbildung 122

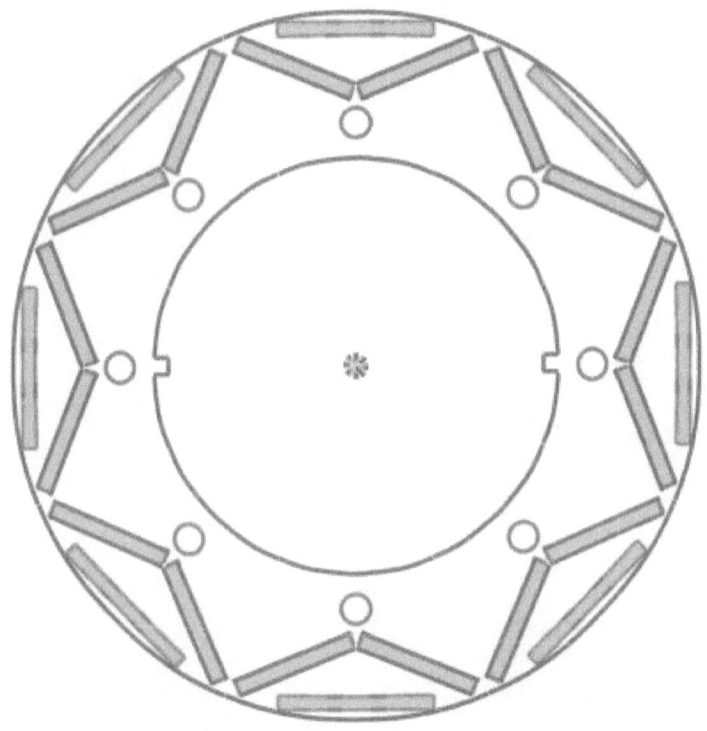

Das ist jetzt der Rotor des Nissan Leaf der ersten Generation von 2012, zeitweise das weltweit meist verkaufte E-Auto. Grau wieder die Magnete, aber aus welchem sonstigen Material der Rotor besteht, bleibt hier unberücksichtigt, nur die Tatsache, dass er, obwohl deutlich kleiner, einen höheren Anteil an magnetischem Material besitzt.

Abbildung 123

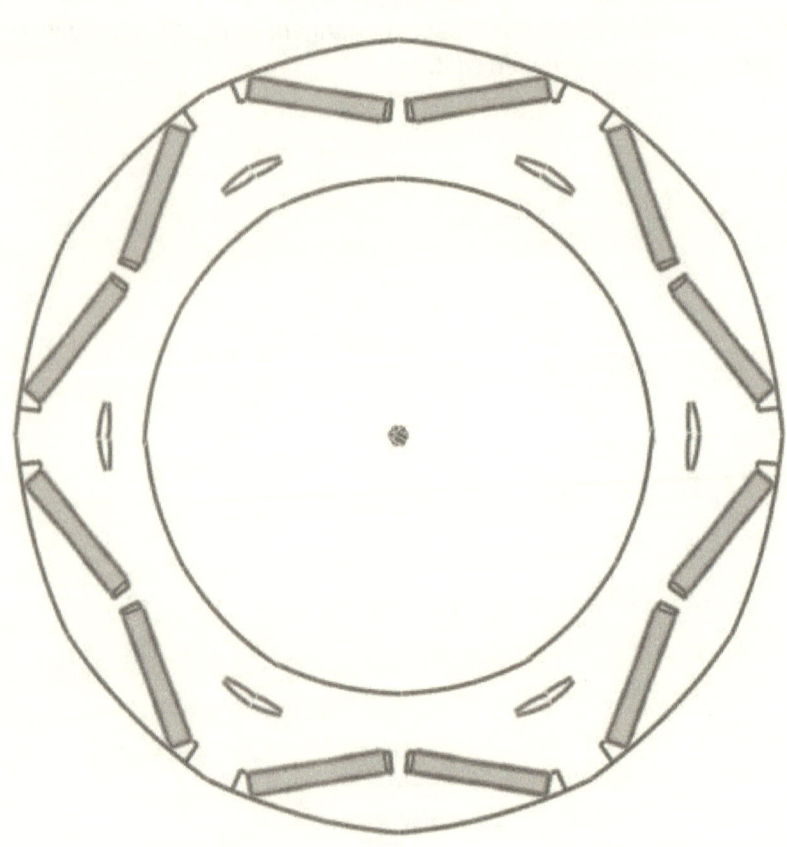

Und hier der im Vergleich dazu gezeichnete Rotor des seit 2017 produzierten Model 3. Es liegt auch in seiner Größe zwischen dem des Leaf und des ID.4, hat allerdings einen wesentlich größeren Innendurchmesser als beide. Die Magnete, diesmal aus vier statt sonst üblichen fünf fest miteinander verklebten Stäben zusammengesetzt, haben ebenfalls nicht die Länge des Rotorpakets, weil dieses in drei Teile geteilt ist, einem doppelt so langen in der Mitte, gegen die beiden außen leicht versetzt (siehe Bild ganz unten).

Zu beachten ist, dass hier nur 2 x 6 = 12 Magnete zu sehen sind, also 12 x 3 = 36 (12 davon doppelt so lang). Beim Rest des Rotors dürfte es sich um Eisenbleche handeln, die hier allerdings nicht geschraubt, sondert vermutlich geklebt sind. Tesla kann, besonders wegen der gegenüber dem ID.4 (150 kW) höheren Leistung (219 kW), mit Recht von sich behaupten, mit weniger magnetischem Material und damit problematischen Rohstoffen ausgekommen zu sein.

In der Realität behauptet die Firma aber schon seit dem Produktionsstart des Model 3, in dieses eine 'Permanenterregte Synchronmaschine mit erhöhtem Reluktanzanteil' eingebaut zu haben. Und Wikipedia verlinkt natürlich prompt zur Seite, wo der reine Reluktanzmotor beschrieben wird. Dabei beweist doch die Anwesenheit von Magneten, dass es sich keinesfalls um einen solchen handelt. Aber Tesla behauptet ja auch nur, in seinem Motor einen Anteil davon zu haben.

Natürlich weiß kein Mensch und auch Tesla nicht, wie hoch dieser Anteil sein mag. Die Sache erinnert stark an Mazda, wo man eine Zeit lang behauptet hat, mit dem Skyactiv-X-Motor eine Art DiesOtto entwickelt zu haben, dem man dann eine 'Kompressionszündung' angedichtet hat, ein Begriff, der sich in angesehenen Fachbüchern wohl nicht wiederfinden wird. In Wirklichkeit hat man einen sehr sparsamen Benzinmotor entwickelt, dessen dieselähnliche geometrische Verbindung in den meisten Fahrzuständen wohl durch die Motorsteuerung arg zurückgenommen wird.

Also wieder so ein Fall von marketing-technischer Begriffsaneignung? Vorausgesetzt, was zu vermuten ist, VW hat beim ID.4 auch normale Eisenbleche verwendet, könnte man auch hier von einem Reluktanzanteil sprechen. Aber das tut man dort nicht, denn der kann nur klein sein. Bisher scheint auch besonders auf E-Motoren spezialisierten Firmen wie Siemens nur der Bau relativ leistungsschwacher Motoren gelungen zu sein, die man so wohl nicht als Fahrzeugantriebe verwenden kann.

Abbildung 124

▯▮▮▮ Rekuperation 1

Abbildung 125

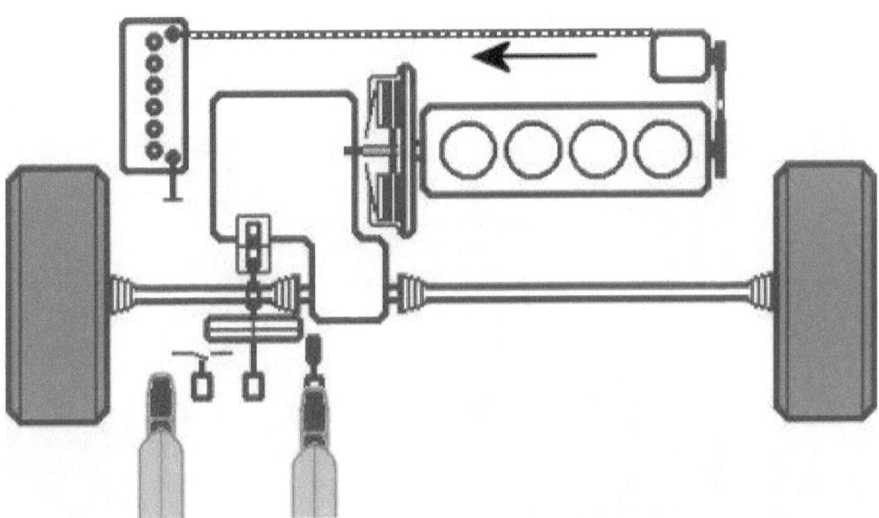

Rekuperation ist bekanntlich das Laden der Batterie bei Schubbetrieb bzw. beim Bremsen. Wir demonstrieren das hier an einer Art Mikrohybrid. Im Bild oben wird, falls Bedarf vorhanden ist, die Batterie ganz normal durch den Verbrennungsmotor geladen. Der/die Fahrer/in hat das Gaspedal betätigt.

Abbildung 126

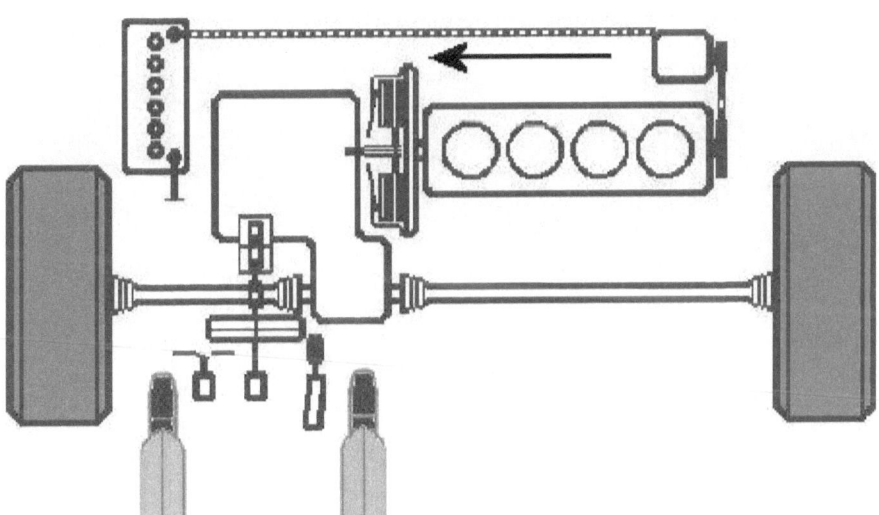

Der Fuß wurde vom Gaspedal genommen. Bleibt der Motor an und die Kupplung geschlossen, dann sind wir im Schubbetrieb. Auch ohne Betätigung der Bremsen kann hier Energie für die Batterie abgeführt werden, bei moderneren Fahrzeugen sogar in Stufen einstellbar.

Abbildung 127

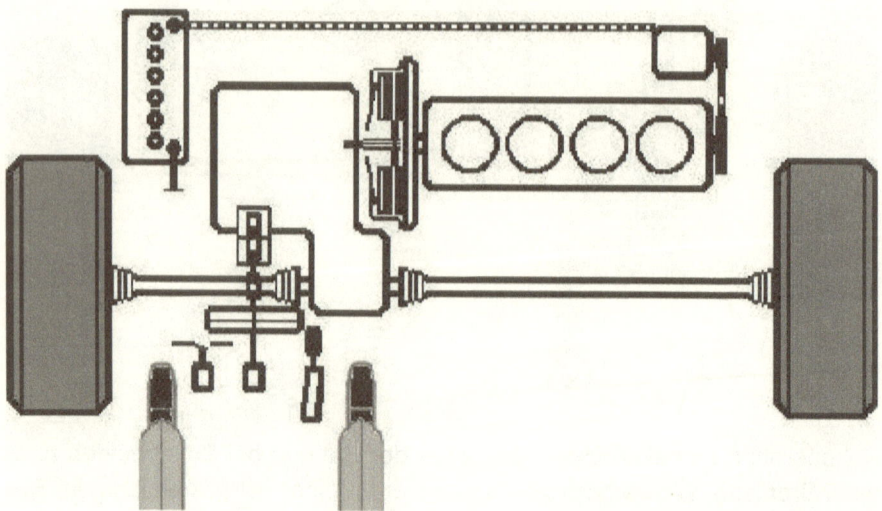

Wir gehen hier von einer automatischen Betätigung der Kupplung und einem abgestellten Motor aus, inzwischen allenthalben 'Segeln' genannt. Dabei wird das Laden der Batterie natürlich unterbrochen, auch wenn es noch so notwendig wäre.

Abbildung 128

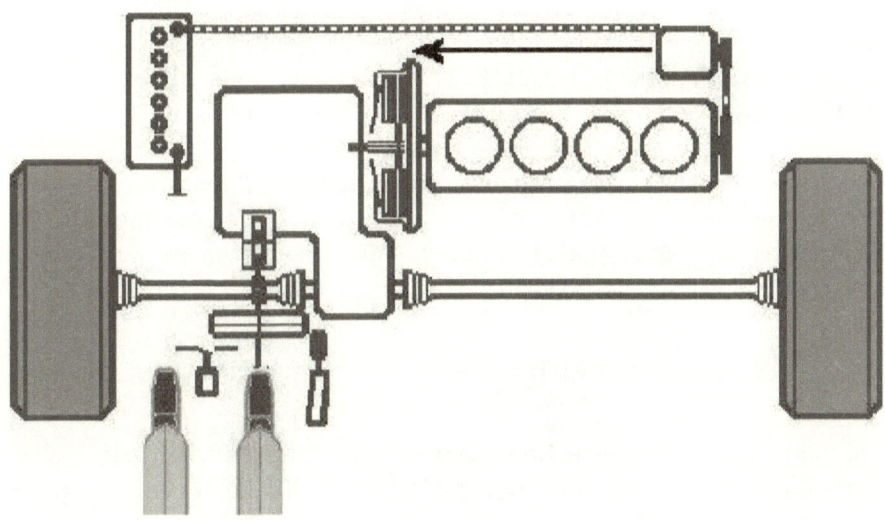

Das relativ schwache Bremsen ist bei manchen Systemen der Betriebsbereich, bei dem der Batterie am meisten Energie zufließen kann, deshalb oben im Bild der lange Pfeil. Es kann sogar sein, dass die gesamte Bremsleitung durch die Stromgewinnung erbracht wird. Das ist übrigens, ähnlich wie zu hochtouriges Zurückschalten, auf vereister Fahrbahn nicht ganz unproblematisch.

Abbildung 129

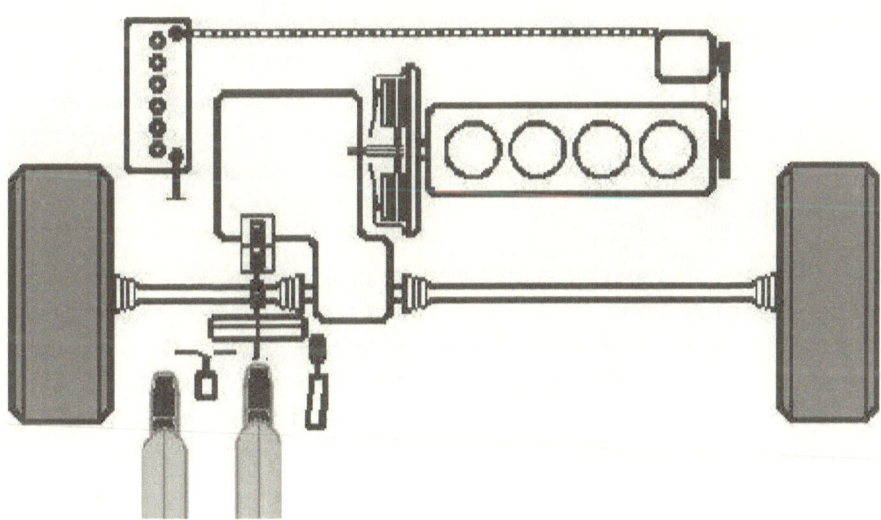

Das ist jetzt ein Bereich, der von Herstellern nie genau genug beschrieben wird. Auf jeden Fall wird hier stärker gebremst, deutlich mehr, als nur die Rekuperation leisten könnte. Trotz fehlender Angaben gehen wir beim E-Auto der Mittelklasse von maximal 0,2 g als Herstellerangabe aus.

Was bedeutet das? 0,2 g entsprechen etwa 2 m/s². Würden Sie mit dieser Verzögerung aus 100 km/h möglichst gleichmäßig verzögern, wäre die Strecke bis zum Stillstand etwas über 190 m lang. Um es noch etwas einfacher zu machen, bei 50 km/h sind es knapp 50 m.

> Rekuperation: Weniger Bremsverschleiß und Feinstaub

Das kann man kaum eine Bremsung nennen. Und trotzdem geht es so schnell, dass sich sogar beim Rekuperieren aus 100 km/h die Ladung der Batterie nur um ein Drittel kW erhöht, wobei die Zeit zum Umschalten nicht berücksichtigt wurde. Bei einer solchen Bremsung aus 50 km/h kommt zwar die Hälfte an Leistung heraus, da die aber für 7 statt für 14 Sekunden bereitsteht, beträgt der Ladungszuwachs nur ein Viertel von einem Drittel kW. Auch hört die Übertragung angeblich bei 10 km/h auf, obwohl das E-Auto ohne Bremse zum Stillstand kommt. Also jeweils noch mindestens eine Sekunde Rekuperationszeit abziehen.

> Mehr Reifenverschleiß und Feinstaubbelastung an der Antriebsachse auch durch mehr Motordrehmoment.

Da ist es völlig unverständlich, wie manche Entwickler davon ausgehen können, dass die Rekuperation die Ladung bis zu einem Drittel erhöhen kann. Denn immerhin erfordert ja jede Rekuperation die Wiedergewinnung des Tempos, das man durch sie verloren hat. Wer z.B. auf der Autobahn nicht bremsen und damit rekuperieren muss, sondern gleichmäßig durchfährt, verbraucht weniger.

Da gibt es also Leute, die Rekuperation für eine zusätzliche Energie zu der an der Ladesäule halten. Dabei kann man doch nur zurückgewinnen, was man vorher hineingesteckt hat. Und es kommt noch schlimmer, denn keineswegs erhalten Sie das bei Bergabfahrt ganz zurück, was Sie bei Bergauffahrt investiert haben, auch wenn Sie noch so ideal rekuperieren.

▢||| Rekuperation 2

Abbildung 130

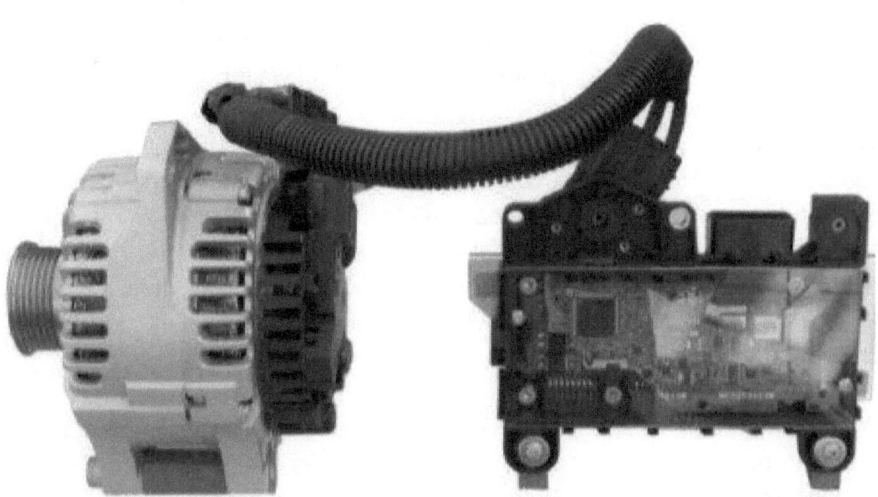

Schon seit sehr langer Zeit gibt es bei Fahrzeugen mit Verbrennungsmotoren eine Reaktion auf die vollständige Entlastung des Gaspedals, Schubabschaltung genannt. Die existiert beim Dieselmotor praktisch schon seit seiner Geburt im Auto und beim Benziner im Wesentlichen seit Einführung der Einspritzung.

Rein elektrisch gibt es sie schon weit vor der Zeit im E-Auto z.B. bei elektrisch angetriebenen Zügen, die allerdings, außer im absoluten Notfall, sehr lange Bremswege haben und deshalb nicht die Probleme haben, wie sie im vorigen Kapitel beschrieben wurden. Da gelangt eine Menge Energie zurück ins Netz.

Man muss grundsätzlich die Rückgewinnung beim Loslassen des Gaspedals von der beim Treten der Fußbremse unterscheiden und dort auch noch die nur beim leichten Bremsen wirksame von der während des kompletten Bremsvorgangs. Den Fahrzeugen von Tesla wird nachgesagt, sie hätten keine beim Bremsen wirksame Rekuperation.

Natürlich ist die beim Zurückziehen des Gaspedals wirksame Rekuperation einfacher zu realisieren. Allerdings kann es sein, dass die Bremse trotzdem gebraucht wird, nämlich genau dann, wenn man es schafft, nur mit dem Gaspedal zum Stillstand zu kommen. Denn der E-Motor als Generator schafft das in der Regel nicht.

Taucht als nächstes die Frage auf, ob und wie stark man überhaupt rekuperieren soll, denn da gibt es ja auch noch das Segeln. Allerdings sollte man vorweg erwähnen, dass eine Fahrweise mit viel Segeln schon eine gewisse Menge an Erfahrung braucht. Dann ist sie auch wirklich nicht mehr anstrengend. Am Anfang jedoch wird das vorausschauende Fahren als Belastung empfunden. Segeln kann man natürlich auch mit einem Verbrenner üben, allerdings tuckert der Motor dann im Leerlauf weiter.

Viele Taxifahrer die vermehrt auf den Toyota Prius umgestiegen sind, haben vermehrt die Rekuperation auf die Anzeige des Prius bezogen und damit gute Sparerfolge erzielt. Leider gibt es natürlich für das Segeln keine solche Anzeige. Es geht übrigens auch auf der Autobahn. Nein, Sie brauchen keine Konflikte mit nachfolgenden Fahrzeugen zu fürchten, denn es gibt Autobahnstücke, die genügend Gefälle aufweisen, um Ihre (maßvolle) Geschwindigkeit mindestens zu halten.

Bleiben wir beim Gaspedal und erwähnen bei den (zu wenig benutzten) Bremsen nur noch kurz mögliche Korrosion an den Bremsscheiben. Parallel zu unserer Kritik von zu viel Optimismus bei der Rekuperation mit der Bremse im vorigen Kapitel sollen hier auch bei der Energie-Rückgewinnung durch das Gaspedal ein paar kritische Bemerkungen gemacht werden.

Nehmen wir das oben schon erwähnte Thema: Motorbremse. Die ist beim Fahrzeug mit Verbrennungsmotor sozusagen serienmäßig und auch immer verfügbar. Nun gut, kleiner als im zweiten Gang den Berg hinunter geht fast nicht. Und sollte der vom Gefälle bis an die Drehzahlgrenze gebracht werden, dann ist es höchste Zeit, ihm mit der Fußbremse ein wenig zu helfen. Aberr immerhin, die Bremse wird erheblich entlastet.

Es gibt Situationen beim reinen E-Auto, da könnte die Rekuperation ausfallen. Überhaupt haben wir ja schon darauf hingewiesen, dass hier gewisse Überforderungen stattfinden können. Das elektronische System und/oder die Batterie kann die Ladung nicht schnell genug aufnehmen. Übrigens gibt es für stärkere Rekuperation die Zwischenlösung mit sogenannten Supercaps, Kondensatoren, die auch noch leichter sind.

Sie ahnen vielleicht schon, worin die Gefahr lauert. Es könnte sein, dass die Batterie schlicht zu voll sein könnte, um noch Ladung aufzunehmen, mithin die Rekuperation in den Bergen ausfallen und die Bremsen zu stark belastet würden. Klar es gibt mindestens zwei Gegenargumente: Irgendwie muss man den Berg hinaufgefahren sein und das Energie 'gekostet' haben. Auch haben wir hier keinen Lkw oder Bus, was bedeutet, Pkw-Bremsen müssten das eigentlich aushalten.

So, Sie können jetzt das Szenario modifizieren, z.B. dass jemand dort oben zuhause ist oder eine Hotelnacht verbracht hat und irrtümlich zu 100 Prozent geladen hat. Geht uns hier zu weit. Übrigens hat man das Berg- und Talfahren bei BMW einmal nachgestellt und, bei recht maßvollen Geschwindigkeiten festgestellt, dass im günstigsten Fall nur Zweidrittel der Energie zurückgewonnen werden konnte.

 Kühlen/Heizen

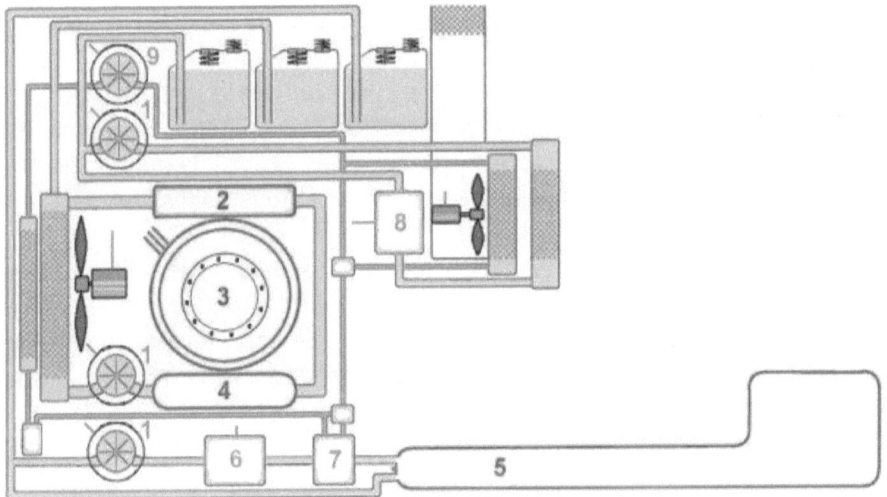

Abbildung 131

1 Elektrische Kühlmittelpumpen
2 Kühlung Power-Elektronik
3 Elektrischer Antrieb
4 Öl-Kühlmittel-Wärmetauscher
5 Kühlung/Heizung Batterien
6 Elektrische Heizung Batterien
7 Kühlung Batterien
8 Elektrische Heizung Innenraum
9 Elektrischer Klimakompressor

Zwei Systeme des Chevrolet Bolt EV mit einem Umlauf an Kühlflüssigkeit haben Sie schon kennengelernt, das für den Motor bzw. die Power-Elektronik und das für die Batterie. Jetzt kommt noch ein drittes hinzu, das allerdings vom letztgenannten System mit beeinflusst wird, denn es kann sowohl Kühlen als auch Heizen.

So hat der Wagen zunächst einmal drei getrennte Behälter für seine aus 50% Frostschutz und 50% deionisiertem Wasser bestehenden Kreisläufe. Die dürfen wir jetzt nicht mehr nur der Kühlung zurechnen, weil der neu hinzukommende nun auch noch eine mit hoher Spannung betreibbare Heizung (6) durchfließt und natürlich auch für den Innenraum genutzt wird.

Hinzu kommt noch eine natürlich schon mit R1234yf gefüllte Klimaanlage, bei der sofort die enorme Füllmenge auffällt, übrigens gut die fünffache Menge, die z.B. in einem Golf 7 zirkuliert. Das weist auf die sonstige Aufgabe dieses Heizkreislaufs hin. Den Innenraum können wir jedoch als wie gehabt abhaken.

Hier kündigen sich wieder einmal höhere Kosten des angeblich doch so wartungsarmen E-Autos an, denn bei einer so viel größeren Grundmenge dürfte auch der Verlust entsprechend ausfallen. Hinzu kommen die im Gegensatz zu R134a enorm gestiegenen Kosten für das Kältemittel.

Nein, der Kompressor (9) ist mit nichts aus der Welt der Verbrennungsmotoren vergleichbar, noch nicht einmal mit den meisten der dort inzwischen Einzug haltenden elektrischen. Er wird nämlich durch eine orange Leitung mit Hochvolt-Gleichstrom gespeist. An Ort und Stelle wird er dann daraus in dreiphasigen Wechselstrom gewandelt und zugleich auch noch für eine variable Drehzahl gesorgt.

Es gibt einen Kältemittel-Kreislauf zusätzlich zu dem in den Innenraum zu einer Art Wärmetauscher (7). In diesem wird, ähnlich wie im Innenraum, das Kältemittel beinahe schlagartig von seinem Hochdruck befreit, worauf es ebenso schnell verdampft und dem gerade vorbeifließenden Kühlmittel auf engem Raum sehr viel Wärme entzieht.

Gleichfalls im Kreislauf der Batteriekühlung bzw. Erwärmung (5) ist die elektrische Heizung (6) angeordnet. Auch sie ist an das Hochvoltsystem angeschlossen. Die Steuerung, ob nun Wärme oder Kälte für die Batterien nötig ist, übernimmt die 12V-Überwachung, ausgestattet mit jeder Menge Temperatursensoren an den Batterien und an der elektrischen Heizung selbst.

▯||| Wärmepumpe

Abbildung 132

Das Gerät selbst sieht zwar kompliziert aus und nimmt auch im E-Auto eine Menge Platz weg, aber es lohnt sich. Denn hier fällt an den verschiedensten Stellen eine Menge Wärme an. So muss nicht nur im meist komplizierten Geflecht der Hochvoltbatterie gekühlt werden. Auch der (jeweilige) Motor kann zusammen mit seinem Getriebe, auch wenn dieses nur einen Gang hat, in einen Ölkreislauf verbunden sein.

Auch der Inverter, der den Batteriestrom von Gleich- nach Drehstrom umsetzt und gleichzeitig den jeweiligen E-Motor so steuert, dass er die erwartete Drehzahl bzw. das Drehmoment erbringt, erzeugt bei diesem Vorgang Wärme. Ganz abgesehen vom Laden, das, je heftiger es vollzogen wird, desto mehr Wärme in das System einträgt, z.B. die Ladeelektronik und die Hochvoltbatterie selbst. Ab 150 kW sind sogar die Ladekabel speziell gekühlt, was dem Fahrzeug allerdings nicht zugutekommt.

Auf der anderen Seite tut eine besondere Innenraumheizung bzw. Kühlung der Reichweite richtig weh. Man versucht ja schon, erstere auf Lenkrad und Sitze zu begrenzen, aber komfortabel ist es in einem ansonsten ab Fahrtantritt kalt bleibendem Innenraum nicht. Genau hier schafft die Wärmepumpe

Abhilfe. Sie hat also die Aufgabe, Wärme im System bei Bedarf für den Innenraum nutzbar zu machen.

Das tut sie zwar elektrisch, aber wesentlich effektiver, weil sie den Strom nicht direkt in Wärme umwandelt, sondern einer Pumpe zuführt, die dann im Grunde eine umgekehrte Funktion eines Kühlschranks oder einer Klimaanlage darstellt, also Kondensator zur Eingangsluft hin und Verdampfer in den Kühlkreislauf. Dazu müssen natürlich alle diese Kreisläufe zusammengefasst sein.

Eigentlich sollte man keine Zahlen für die Effektivität eines solchen Systems nennen, denn die hängen stark von der eingestellten Innenraumtemperatur und natürlich der Belastung der Systeme ab, die Wärme erzeugen. Aber auch in ungünstigen Situationen darf man von 25 bis 33 Prozent des Verbrauchs einer direkten Beheizung ausgehen.

So werden also die Zusatzkosten für solch eine Anlage nicht allein von der Anlage selbst erzeugt, sondern auch von der Zusammenführung evtl. getrennt vorhandener Systeme. So ein Beispiel würde der im vorigen Kapitel beschriebene Chevrolet Bolt darstellen, bei dem die Kreisläufe für die Batterien getrennt sind von denen für Motor/Getriebe und Inverter.

Auch wäre eine weitere Integration der Wärmepumpe sinnvoll, die bei Bedarf z.B. auch die Batterien beheizen könnte. Vermutlich ist das bei einer Anlage, die man zusätzlich zum E-Auto erwerben kann, so nicht möglich. Kompliziert ist auch die Steuerung, wenn es gleichzeitig noch die elektrische Heizung gibt. Es ist wie bei unserem alten Diesel, bei dem nirgends angezeigt wird, ab welcher Temperatureinstellung die elektrische Heizung wirksam wird.

▣||| Range Extender

Abbildung 133

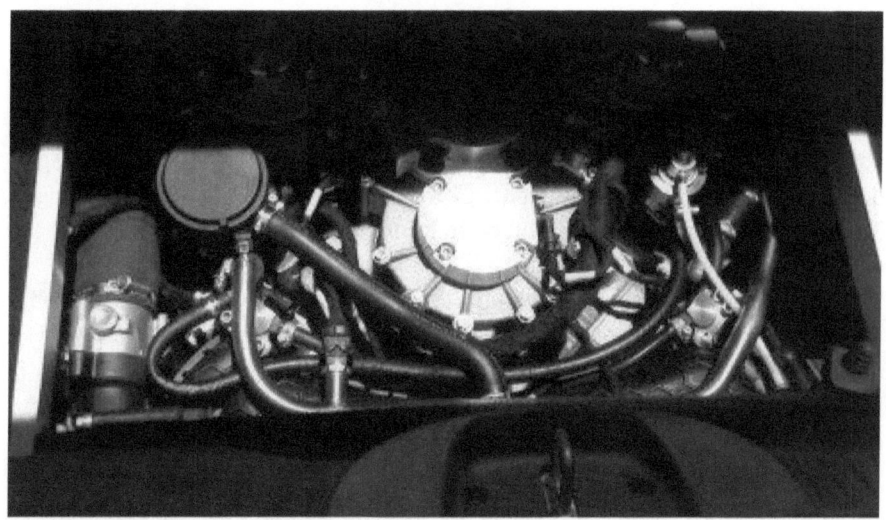

Nein, es geht nicht wirklich um Range Extender. Unser Thema ist eine Idee, die vermutlich viele Besitzer von rein elektrischen Fahrzeugen umtreibt, um die Reichweitenangst wirksam zu bekämpfen. Warum nicht einen von diesen praktischen Generatoren mitführen, die eine Stromversorgung überall garantieren?

Natürlich rümpfen jetzt die überzeugten Fahrer/innen von E-Autos die Nase. Auf Umwegen doch wieder den stinkenden Verbrenner ins Auto bringen, wo man ihn doch gerade ersetzt hat? Natürlich wäre die passende Antwort, dass ein nur im Kofferraum mitgeführter Verbrennungsmotor ja nur in äußerster Not, im besten Fall sogar nie gebraucht würde.

Wir bleiben dran an der Frage, schauen aber zunächst auf schon realisierte Lösungen. So kann man den BMW i3 wohl noch immer auch mit einem 4.500 Euro teuren und 120 kg schweren 650 cm3- Motor und 25 kW (34 PS) bestellen. Allerdings können Sie den trotz großer Leistungsfähigkeit nicht einfach starten, wenn Sie wegen Strommangel liegengeblieben sind.

Es funktioniert so, dass er sich bei einer recht geringen Reichweite von ca. 4 km selbst einschaltet, wenn Sie es ihm nicht verbieten und er Sprit hat. Immerhin ist er sehr leise, ergibt für den i3 dann aber im Mittel nur noch ca.

100 km/h, gerade genug, um den Lkws entfliehen zu können. Bei mehr Belastung bergauf kann der Motor auch einmal etwas lauter werden.

Da zeigt sich deutlich der Nachteil des jetzt als serieller Hydrid arbeitenden Antriebs. Chemische Energie in elektrische und schließlich in mechanische Energie umzuwandeln, bringt halt ziemliche Verluste mit sich, wie man dann auch an einem recht unzeitgemäßen Verbrauch von knapp 9 Liter auf 100 km erkennen kann.

Für den Gebrauch eines Stromgenerators dürften Sie jetzt schon leicht vorgewarnt sein. Eines muss klar sein, weiterfahren können Sie damit wegen der viel geringeren Energie nicht. Und natürlich ist ja auch ein beliebiges Elektroauto nicht daran gewöhnt, beim Laden bewegt zu werden.

Wir haben aus der Fülle von Honda-Generatoren unten im Video einen für deutlich mehr als die Hälfte des BMW-Preises ausgesucht, den Sie mit 61 kg gerade noch ein- und ausladen können, denn Abgase im E-Auto müssen ja nun wirklich nicht sein. Zu Ehren von BMW sei hier betont, dass der nur 2,8 kW Dauerleistung im Gegensatz zu den 25 kW oben erbringt.

So langsam wird Ihnen klar, dass, wenn alles bestens klappt, es doch um einen längeren Aufenthalt mit laufendem Generator geht, bei dem Sie schon beim Auto bleiben müssen. Immerhin hat der einen E- Starter und gut 13 Liter im Tank einschließlich einer Tankuhr. In Ökoschaltung reicht der Sprit für 20 Stunden, aber so lange wollten Sie vermutlich nicht ausharren und die Luft verpesten.

Nehmen wir einmal an, die nächste Ladestation wäre ca. 50 km entfernt und Sie verbrauchen bei sparsamer Fahrt 14 kWh auf 100 km, dann stehen (oder sitzen) Sie da geschlagene 2,5 Stunden, eventuelle Reserven und Ladeverluste nicht mitgerechnet. Und das ist jetzt die Rechnung, wenn alles funktioniert.

Natürlich sollten Sie, bevor Sie 2.700 Euro in einen Stromgenerator für Ihr Elektroauto investieren, diesen zuvor ausprobieren. Es gibt nämlich genau zwei Gefahrenquellen für Ihr Vorhaben. Erstens könnte Ihr Auto den Schutzkontakt überprüfen, der je nach Typ eines Stromgenerators nicht so bedient wird, wie es das E-Auto erwartet.

Denn natürlich kann es bei einem frei rollbaren oder tragbaren Generator keine Erdung von PE geben. Es soll aber zwischenschaltbare Adapter oder auch im Generator eingebaute Leitungsverbindungen zwischen N und PE geben, die damit diesen Schutzkontakt entsprechend bedienen. Bevor Sie da zu viel Engagement hineinstecken, hier noch ein zweiter Stolperstein, der aber wesentlich seltener ist.

Das E-Auto könnte auch die Frequenz des angebotenen Stroms prüfen. Die könnte, je nach Stromerzeuger, ohne Last etwas zu hoch ausfallen, wodurch es wieder nicht zu einem erfolgreichen Laden kommt. Eine etwas umständliche Abhilfe wäre entweder ein anderer Stromerzeuger oder das Anschließen einer größeren Belastung und parallel dazu Ihr Auto. Das drückt die Frequenz, wodurch die Belastung herausgenommen werden kann.

Vielleicht wird es besser, wenn mehr Elektrofahrzeuge andere laden können wie der Sion und der BYD e6, wenn diese Funktion einst freigeschaltet sein wird.

▣||| E-Netze

Abbildung 134

Manches, was uns vorgegaukelt wird, kann so kaum funktionieren, zumindest ist es nicht so einfach realisierbar. Nachdenken hilft da enorm, die Spreu vom Weizen zu trennen, Nachrechnen noch viel mehr. Am besten, man stellt sich zu Beginn einmal ganz dumm.

Strom begreifen wir normal Sterbliche in Form einer Steckdose, an die wir elektrische Geräte anschließen. Da uns die Industrie schon gar keine Geräte mehr liefert, die diese Steckdose bzw. das mit ihr verbundene Netz überfordert, erfahren wir auch nicht viel über die Grenzen der Belastung. Die hängen ganz einfach von der Sicherung für diesen Teil des Netzes ab und von dem, was sonst noch an diesem Netz hängt.

In der Regel ist so ein Teil des Gesamtnetzes mit 16 Ampere abgesichert. Die Aufspaltung hat den Sinn, dass stets Teile der elektrischen Versorgung noch funktionieren, wenn ein Teilnetz ausfällt. Wenn also eine Sicherung nach dem Einschalten immer wieder herausspringt, dann könnte man die dranhängende Tiefkühltruhe retten, indem man sie über ein Verlängerungskabel mit einem intakten Teilnetz verbindet.

Der Gedanke ist abwegig, höheren Verbrauch durch Einbau einer stärkeren Sicherung erzielen zu wollen, weil dahinter weitere Sicherungen geschaltet sind und die dann in Mitleidenschaft gezogen werden könnten. In der Regel ist der Zugang zu ihnen verplombt, sodass sie nur von autorisierter Stelle wieder in Gang gesetzt werden können. Außerdem muss grundsätzlich die Sicherung zum Leitungsnetz passen.

Um ein E-Auto zu laden, vergessen wir einmal die Absicherung mit 10 Ampere, stehen also im günstigsten Fall ohne zusätzliche Installationen 230 V mal 16 Ampere gleich 3,7 kW zur Verfügung. Soll also ein solches Auto in 8 Stunden aufgeladen sein, erhält seine Batterie nur ca. 30 kWh. Dabei ist zu bedenken, dass dies nicht die Brutto-Kapazität sein darf, denn nur während 80 Prozent der Ladung kann dies mit der vollen Spannung geschehen.

Grundsätzlich erfolgt nämlich das Laden einer Batterie dadurch, dass vom Netz her eine höhere Spannung anliegt, als in der Batterie gerade gegeben ist. Nur durch den Spannungsunterschied ist ein Aufladeprozess überhaupt möglich. Ein Ladegerät wählt also die Spannung gerade so, dass ein bestimmter Strom nicht überschritten wird. Bei etwa 80 Prozent würde diese Spannung aber die für die Batterie zulässige überschreiten. Der Ladeprozess verlangsamt sich demnach.

Man kann grob feststellen, dass für die letzten 20 Prozent mindestens so viel Zeit wie für die ersten 80 nötig ist. Von einem Auto mit 36 kWh Bruttoleistung können wir aber auch nicht ausgehen, weil dann die 36 kWh uneingeschränkt zur Verfügung stehen müssten. Also nehmen wir 40 kWh. Wollen Sie also das E-Auto komplett laden, müssen Sie noch einmal ca. 8 Stunden warten.

Man könnte vereinfacht sagen, dass es ab 40 kWh so langsam ungemütlich wird mit dem Laden an der Haushaltssteckdose. Aber es gibt natürlich noch weitere Lösungen, umgangssprachlich auch 'Kraftstrom' genannt. Da eigentlich dem Haushalt Dreh- und nicht Wechselstrom geliefert wird, kommt der in drei Phasen an. Diese werden dann aufgeteilt, z.B. an Ihrem Elektroherd zwei auf die Platten und eine für den Backofen.

Bestimmte Geräte kommen aber mit 16 A an einer Phase nicht aus, z.B. solche, die von Bauarbeitern genutzt werden. Für deren Lastenaufzug werden alle drei Phasen gleichzeitig genutzt. Das geht über besondere Steckdosen, die sich auch in manchem Privathaushalt finden. Jedenfalls braucht man nur fachlichen Beistand und keine Genehmigung des Netzbetreibers, um sich eine solche Leitung bis in die Garage legen zu lassen.

So, das wären jetzt 230V mal 16 A mal 3, was 11 kW ergibt. Sie erkennen leicht, dass man damit ein 40-kWh-Auto in gut 2,5 Stunden vollgeladen bekommt. Bevor wir jetzt weiter fortschreiten, noch einmal kurz wiederholt, weil es ganz wichtig ist. Nur die ersten knapp 1,5 Stunden wurde das Netz des Hauses voll beansprucht, danach wird der Ladestrom langsam geringer.

Warum ist das so wichtig? Weil man schließlich nicht alleine ist auf der Welt und vermutlich irgendwann sich auch das E-Auto flächendeckend durchsetzen wird. Also müsste nicht nur ein Netzbetreiber mit ganzen Straßenzügen voller E-Autos rechnen. Schon heute gibt es das Problem mit Häusern voller Eigentumswohnungen, wo spezielle stärkere Ladeeinrichtungen verlangt werden und dazu eine neue Hauselektrik nötig wäre, an der sich natürlich die Bewohner ohne E-Auto nicht beteiligen wollen.

Spätestens jetzt ist es einmal an der Zeit, sich die Gesamtsituation in Deutschland anzuschauen. Es gibt hier momentan ca. 41 Millionen Fahrzeuge. Diese legen im Durchschnitt weniger als 50 km pro Tag zurück. Man könnte auch sagen, unsere Autos 'stehen sich die Beine in den Bauch'. Besonders schwierig ist es, den Durchschnittsverbrauch zu bestimmen, denn der reicht von ca. 12 kWh pro 100 km bei einem besonders sparsamen Vehikel mit entsprechender Fahrweise bis über 30 kWh bei einem tonnenschweren SUV.

Damit wir uns nicht falsch verstehen: Das SUV ist bei 30 kWh keineswegs besonders rasant bewegt worden. Es ist einfach so, dass sich hier der Mindestverbrauch von ca. 25 kWh (Tesla Model X) bei entsprechender Fahrweise deutlich mehr als verdoppeln kann. Um aber auf eine Zahl zu kommen, nehmen wir jetzt einmal für einen normalen Pkw 20 kWh pro 100 km als Durchschnittswert an.

Wenn alle Fahrzeuge auf E-Antrieb umgestellt sind, beträgt der Jahresverbrauch: 41 Mio. mal 365 Tage mal 10 kWh (auf 50 statt 100 km) gleich ca. 150.000 Mio. kWh gleich 150 Mrd. kWh. Beim jetzigen Stromverbrauch pro Tag ohne nennenswerte Belastung durch E-Autos liegen wir bei 530 Mrd. kWh pro Jahr. Bis zu einer evtl. nötigen Verdoppelung der Netzkapazität wäre da noch reichlich Platz, z.B. für die Nutzfahrzeuge.

Der Teufel liegt aber im Detail, denn es genügt nicht, wenn z.B. erneuerbare Energie vor Ort erzeugt würde, diese dann einfach nur zu verteilen, denn Angebot und Nachfrage passen in der Regel nicht zusammen. Es steht zu vermuten, dass hoher Verbrauch zu bestimmten Zeiten Anforderungsspitzen erzeugt, die ein Netz nicht abfedern kann. Es ist wie früher bei wichtigen Fußballspielen, als alle in der Halbzeit zur Toilette gingen und dann der Wasserdruck nicht mehr nachkam.

In der Sprache der Elektriker nennt man so etwas einen 'Blackout'. Es kommt also auf den sogenannten 'Peak' an und wird nicht ohne eine höhere als derzeitige Intelligenz für Ladegeräte gehen. Ganz abgesehen davon, dass Leute, die das Auto am nächsten Tag nicht brauchen, durch Zurückladen ins Netz auch noch Geld verdienen könnten. Nur mit der neuen Computerwelt ist rein elektrisches Fahren überhaupt lebbar.

Bedeutet allerdings auch eine gewisse Abkehr von garantierten Ladezeiten. Denn, wenn es eine Steuerung gibt, die gefährliche Peaks verhindert, heißt das, die Ladeströme werden heruntergeregelt, Ladezeiten verlängert. Das ist überhaupt ein Kennzeichen der schönen neuen Welt, man muss mehr planen, sich vorbereiten. Mit einem Auto voller Sprit kann man spontan losfahren, wohin man will. Ein E- Auto könnte gerade einen Teil seiner Ladung abgegeben haben, wenn man sich umentschieden hätte und es jetzt doch brauchen könnte.

> Unbedingt passend dazu sind die nächsten Kapitel.

▪▏▎▍ Laden - AC 1

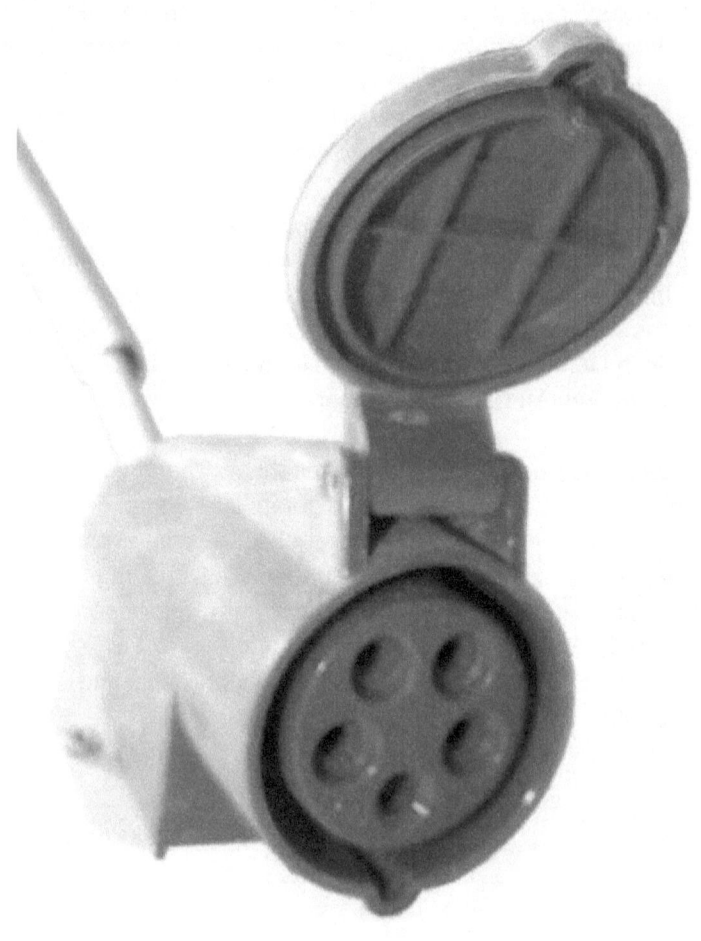

Das ist eine Steckdose für Starkstrom. Nein, es gibt sie nicht erst seit der Vermehrung der E-Autos, sondern schon recht lange. Da im Haushalt in der Regel nur bis zu 16 A üblich sind, reichte eine Phase mit ihren gut 3,6 kW für manche Geräte nicht aus. Wenn diese der Grenze von 16 A zu nahekamen, konnte auch schon bei erhöhtem Anlaufstrom beim Einschalten die Sicherung ansprechen.

Wenn Sie sich also mit dem Gedanken tragen, ein vollelektrisches Automobil oder einen Plug-In-Hybrid anzuschaffen, wäre so eine Steckdose zunächst einmal erste Wahl. Sie können es sich schon ausrechnen, mit gut 3,6 kW kommen Sie nicht weit. Wenn alle Bedingungen stimmen, ermöglicht die oben gezeigte Steckdose immerhin das Dreifache.

> Statt Kraft- oder Starkstrom muss es eigentlich Dreiphasen-Wechselspannung heißen.

Denn es sollte ja wohl so ein Fahrzeug über Nacht maximal aufladbar sein, damit am nächsten Tag die volle Reichweite zur Verfügung steht. Natürlich ist die Voraussetzung eine eigene bzw. entsprechend nutzbare Garage oder ein Platz auf der eigenen Auffahrt oder in deren unmittelbarer Nähe. Hierfür muss die Steckdose allerdings in einem sicheren, wasserdichten Kasten montiert sein.

Wenn Sie sich ein wenig mit Elektrik auskennen, können Sie die Dose auch selbst an die Leitung anschließen und diese bis zum Zählerkasten legen. Dann ist allerdings spätestens Schluss mit lustig, denn hier muss der/die Fachmann/frau ran. Der/die sollte dann auch insgesamt sicherstellen, dass es sich um eine versicherungstechnisch korrekte Lösung handelt. Am besten vorher kontaktieren.

Wie das sich allerdings für größere Orte gestaltet, wo jeder etwa zur gleichen Zeit solche Leistungen zieht, das steht auf einem anderen Blatt. Sie ziehen bis zu 11 kW aus dem Netz, genug auch für Modelle mit Long- Range Batterie. Mit einem entsprechenden Kabel könnten Sie sich also die teure und vielleicht sogar genehmigungspflichtige Wallbox sparen.

> Für das dreiphasige Laden müssen Stecker, Ladekabel und Ladeeinrichtung im Fahrzeug entsprechend ausgelegt sein.

Wären da nicht noch mögliche kleine, aber bedeutende Hemmnisse. Denn es kann durchaus sein, dass Ihr Elektroauto diese drei Phasen nicht gleichzeitig aufnehmen kann, auch wenn es nachweislich im Gleichstrombereich wesentlich höhere Ladequoten erreicht. Z.B. laden alle bisherigen Tesla-Modelle (bis zumindest 2020) Wechselstrom in das Auto hinein nur einphasig, auch wenn deren Besitzer/innen das anders wahrnehmen.

> CEE-Stecker/Steckdosen für ein- und dreiphasigen Wechselstrom .
> . .

Abbildung 135

Dabei könnte man es eigentlich schon an den mitgelieferten Steckern erkennen. Der mittlere und der linke gehören zusammen, stehen für die einphasige Wechselspannung. Aber auch bei dem rechten Stecker kann man nicht hundertprozentig sicher sein, obwohl er im Prinzip je eine Verbindung für die fünf nötigen Leitungen der drei Phasen schafft.

> **Hyundai Ioniq und Nissan Leaf zumindest bis 2018 können Wechselstrom nur einphasig laden.**

Auch wenn Tesla den Leuten 3 Monate mehr Strom ohne Bezahlung am Supercharger verspricht, wenn man auf eine Probefahrt verzichtet, sollte man sich beim Kauf eines E-Autos doch hundertprozentig sicher sein, dass über den fünfadrigen Stecker ein Laden mit 11 kW möglich ist. Das ist allerdings mit einem Tesla durch interne Umsetzung dreier Phasen auf eine auch möglich.

> **Der Renault Zoe kann Wechselstrom dreiphasig laden.**

Jetzt sind wir die ganze Zeit von 16 A Absicherung ausgegangen. Das ist der normale Haushaltstrom. Gibt es da sogar nur Sicherungen bis 10 A, dann schafft eine Phase sogar nur etwa 2,3 kW. Umgekehrt wird beim Laden an der Ladesäule meist mit 32 A abgesicherter Strom angeboten, dann wären sogar 22 kW möglich, wiederum für einen Tesla nur nutzbar auf einer Phase. Hier ist der Unterschied zwischen ein- und dreiphasigem Laden am deutlichsten.

> **Der ältere BMW i3 lädt ein-, der neuere dreiphasig.**

Im öffentlichen Raum hatte das Konsequenzen, denn das Laden wurde häufig nicht nach der empfangenen Energie, sondern nach der verbrachten Zeit an der Ladesäule berechnet. Wenn also nur über eine statt drei Phasen geladen wurde, verdreifachte sich im Prinzip der Preis an der Ladesäule, wenn dort kein Gleichstrom geladen werden konnte. Doch darüber mehr im nächsten Kapitel.

> Es gibt übrigens Stromprüfer, die von außen an die isolierte Leitung gehalten werden können und per LEDs zuverlässig Spannung anzeigen.

Zum Schluss noch ein kleiner Trost für diejenigen, die jetzt schon ein E-Auto besitzen, das nur einphasig laden kann. Es gibt nämlich Ladekabel, die zwar teuer sind, bei denen man aber auf einer Phase bis zu 6,5 statt 3,6 kW abgreifen kann. Einstecken an der Steckdose ganz oben. Wie gesagt, mit 16 A * 3 braucht man auch keine Genehmigung des Stromerzeugers.

Fazit: Wer keine mit 3 * 16 A abgesicherte Leitung in der Garage hat oder legen lassen will (3 * 32 A werden ohnehin für Privathaushalte nicht genehmigt) und auch sonst keinen Schnickschnack wie z.B. einen extra Zähler braucht, kann auf eine Wallbox und sogar auf einen speziellen Wandverteiler verzichten. Die normal abgesicherte Steckdose oben genügt. FI-Schalter im Zähler müssen allerdings für das Laden von E-Autos ausgelegt sein.

▫▮▮ **Laden - AC 2**

Eigentlich sollte in diesem Kapitel nur über das Laden von Gleichstrom berichtet werden, aber das ist für das Laden zuhause irrelevant und das beschäftigt uns noch weiter. Es gibt nämlich eine leichte Verwirrung mit den Steckern. Oben rechts sehen Sie den universell benutzbaren CCS Typ 2. Der ist klar aufgeteilt zwischen Wechselstrom oben und Gleichstrom in den beiden Pins unten.

Daneben dann der vom Aussehen her gleiche Stecker von Tesla. Wer jetzt aber meint, der könne keinen Gleichstrom laden, der irrt. Tesla war halt sehr früh mit seinen Ladestationen und hat den Gleichstrom auf zwei der hier sichtbaren Pins verteilt, mit ein Grund für den schon erwähnten Umstand, dass Tesla in das Auto einphasigen Wechselstrom laden kann.

Die Anekdote ist dabei, dass der Tesla-Stecker sehr wohl bei Fahrzeugen anderer Hersteller passt, die nur Wechselstrom laden können, also die unteren beiden Pins nicht haben. Was passiert jetzt, wenn man den Tesla-Supercharger z.B. an einen Hyundai Ioniq anschließt? Zum Glück gar nichts, denn Strom fließt erst, nachdem eine Datenverbindung aufgebaut wurde und die Ladesäule den Deal genehmigt hat.

Übrigens können Sie das auch als eine Art Lebensversicherung bei zufälliger Berührung der Kontakte hinter der Ladeklappe nehmen. Es gibt hier zwar keine Garantie, aber der Strom dorthin bleibt ohne Stecker grundsätzlich abgeschaltet. Noch ein wichtiger Hinweis: Probieren Sie das oben Erwähnte bitte nicht aus, denn es könnte sein, dass der Tesla Supercharger oder das Auto das Kabel nicht wieder freigeben.

Das bedeutet aber auch, wer mit einem Tesla irgendwo anders als am firmeneigenen Supercharger schnellladen will, braucht unbedingt einen Adapter zu CSS Typ 2, wenn es sich noch um ein Model S oder X handelt. Den also immer mit sich führen. Übrigens hat der einphasige Wechselstrom in amerikanischen Haushalten irgendwie Tradition. Dies ist umso verwunderlicher, als die Netzspannung in der Regel etwa 120 V beträgt, also halb so viel wie bei uns.

Und wie betreibt man jetzt dort einen Elektroherd? Ganz klar, hier können nur alle Teilverbraucher wie Platten und Herd parallelgeschaltet sein, was die Stromstärke in enorme Höhen treibt. Das erfordert auch wegen der geringeren Spannung eigentlich enorme Leitungsquerschnitte. Wird da nicht korrekt installiert, werden die Leitungen warm und Verluste sind die Folge. Alles wohl auch ein Grund, dass in USA häufiger mit Gas gekocht wird als bei uns.

In Deutschland gibt es E-Techniker, die bei einer Absicherung von 32 A zu 4 mm^2 Kabelquerschnitt raten. Das ist einerseits übertrieben, denn offiziell sind hier 2,5 mm^2 erlaubt. Die Verlegung erfordert andererseits dann einen ziemlichen Aufwand, am besten in Kabelkanälen. Solche Grundaussagen sind eben auch geeignet, die Installationskosten nach oben zu treiben.

Man kann natürlich auch die E-Techniker verstehen, die etwas für ihren Berufsstand tun wollen, aber auch für die Umwelt, denn so ein Kabel wird bei Belastung bestimmt nicht sehr warm. Allerdings erscheint der ganze Aufwand für das Laden von E-Autos ziemlich übertrieben, denn das Laden mit über 4,6 kW pro Phase ist wohl eh' genehmigungspflichtig, bzw. wird erst gar nicht erlaubt.

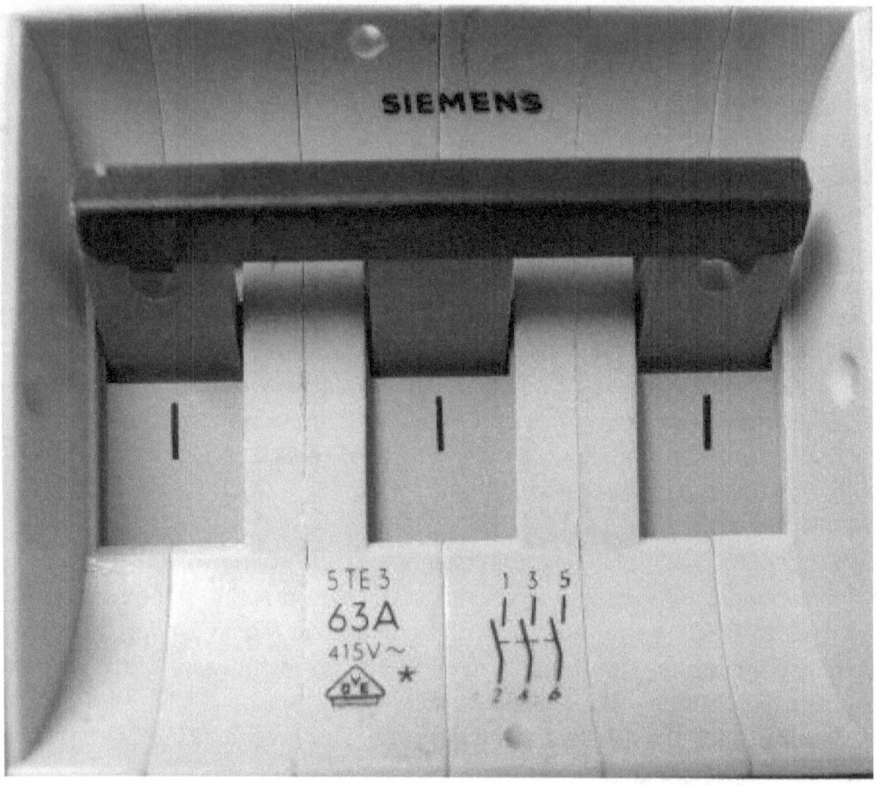

Also, die Amerikaner übertreiben es mit dem Aufwand nach unten und die Deutschen nach oben. Unter dem Blickwinkel des Gesamtstroms wollen wir uns einmal die drei oben gezeigten, miteinander verbundenen Schalter anschauen. Sie erkennen die jeweils 63 A, müssen aber wissen, dass die für die gesamte Hauselektrik gelten.

Hier kann man die, in welcher Situation auch immer, komplett ausschalten. Aber jetzt verteilen Sie einmal. Würden Ihnen neben dem Elektroherd mit 3 * 16 A auch noch 3 * 32 A für Ihr E-Auto erlaubt werden, müsste sich die gesamte restliche Hauselektrik mit 3 * 16 A begnügen. Sie müsste also so über die drei Phasen verteilt werden, dass keine mehr als 16 A zieht. Schon im Prinzip fast unmöglich.

Das ist das Problem der sogenannten 'Schieflast'. Würden alle drei Phasen der Autoaufladung voll benutzt und auch noch gleichzeitig mit dem Backofen die an dessen Phase hängenden Verbraucher im Haus ihre 16 A überschreiten, dann schaltet die Sicherung ab, auch wenn es sich nur um eine Phase handelt.

Bleiben noch Vermutungen, was die dahinter an einer Keller-Außenwand im plombierten Kasten befindliche Sicherung macht. Ist hier die Abschalt-Stromstärke gleich und nur die im Zählerkasten schneller ('flink'). Oder hat man Pech und auch die spricht an? Dann muss bei Sicherungsausfall der Stromversorger ran, vermutlich kostenpflichtig.

Aber was heißt das denn für Sie und mich als Otto Normalverbraucher? Ganz einfach: Finger weg von 32 A und von einer Wallbox mit der Hoffnung auf eine solch hohe Stromstärke. Im allergünstigsten Fall mit viel Installation und Erlaubnis-nachfragen bringt sie höchstens 1 kW mehr, wo doch eigentlich 3 * 16 A entsprechend 11 kW ausreichen. Achten Sie lieber beim Kauf des E-Autos auf drei Phasen zum Laden.

> **Wallbox-Werbung: 100 Prozent Atmosphäre, fast 0 Prozent Information**

▢❘❘❘ Laden - AC 3

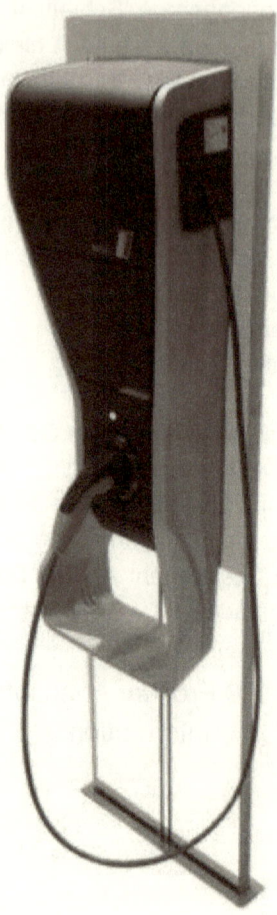

Dieses Kapitel ist so eine Art Lumpensammler der vorigen beiden.

1. Immer wieder wird zwar die Selbsthilfe bei jedweder elektrischen Montage für möglich gehalten, aber gleichzeitig zu einem(r) Fachmann/-frau geraten. Da stecken gute Gründe hinter, nämlich mögliche Probleme mit Versicherungen.

Sie wissen ja, das sind die Leute, die nett beim Vertragsabschluss sind und sich von einer ganz anderen Seite zeigen, wenn der sogenannte Versicherungsfall eintritt. Auch wenn eine von Ihnen durchgeführte elektrische Installation nicht ursächlich für einen größeren Schaden ist, könnte man Ihnen doch einen Strick daraus drehen. Deshalb hier ein guter Rat: Überlassen Sie die entscheidenden Teile einer solchen Installation einem Fachbetrieb. Nehmen Sie nicht die Dienste eines/r Bekannten in Anspruch. Was Sie brauchen, ist eine Rechnung, mit der Sie die fachliche Qualifikation beweisen können. Bekannte können zwischendurch nicht mehr greifbar sein, oder man unterstellt ihnen eine Gefälligkeitsaussage.

2. Das Internet quillt geradezu über von Tesla Videos. Da sollte man doch meinen, sich einigermaßen rundum informieren zu können, auch über die Nachteile des Tesla. Zumal fast alle betonen, wie objektiv sie diesem Auto gegenübertreten. Manche von denen beraten sogar potentielle Käufer/innen von E-Autos.

Und doch ist da vermutlich nicht ein Video, dass auch einmal das Ladeverhalten eines Tesla mit Wechselstrom vollständig beleuchtet. Wenn man zuhause lädt, an einem Stecker für Kraftstrom oder einer Wallbox, merkt man die nur eine verfügbare Phase nicht. Sind Sie aber Besitzer/in eines Gewerbes und haben dort 3 * 32 A zur Verfügung, so können Sie diese für einen Tesla nur zu einem Drittel nutzen.

3. Aber der Wahnsinn geht ja noch weiter. BMW erwähnt in seinem Video wieder nur die Stromstärke beim Laden, bei der niemand erkennt, dass es sich um normalen dreiphasigen Haushaltsstrom handelt. Desgleichen beim neuen i3, der jetzt 120 statt vorher 92 Ah Kapazität hat. Wer kennt die Spannung und kann das in kW umrechnen?

Ein Anbieter wirbt damit, sein Gerät könne bis zu 10 Mal so viel Strom laden, wie an einer normalen Haushaltssteckdose möglich ist. Dabei vergleicht er leicht veraltete 10 A im Haushalt mit den 3 * 32 A, die besonderer Installation und Genehmigung bedürfen und die dann höchstens mit deutlicher Einschränkung zugelassen werden.

Der ADAC sollte doch eigentlich neutral dem/der Autofahrer/in gegenüber sein. In seinem Test von 10 Wallboxen wird natürlich der Sicherheitsgedanke betont. Alles scheinbar objektiv, aber kein Wort zur Alternative einer Steckdose für Kraftstrom und entsprechend günstigere Leitung. Stattdessen die Betonung auf das Abschalten der Wallbox nach Beendigung des Ladevorgangs. Macht das E-Auto sowieso. Wer aber käme jemals auf die Idee, z.B. an einer großen Kreissäge nach **jedem** Gebrauch den Stecker für den Kraftstrom zu ziehen?

4. Dummerweise haben wir selbst im Falle BMW eine Wallbox empfohlen. Na klar, die bestellt man gleich mit und spart sich damit zusätzlichen Aufwand. Wir alle sind ein Publikum, das irgendwie so sehr auf den Umweltschutz

abfährt, dass man uns über die Möglichkeiten zur Rettung der Umwelt erzählen kann, was man will. Es muss nur teuer genug sein.

Eigentlich sollte man grundsätzlich keine Käufe von Zubehör tätigen, bevor man das eigentliche Auto und etwas Erfahrung damit gemacht hat. Zu schnell ändert sich oft deren Zubehör und man hat unnötiges Zeug gekauft. Das E-Auto selbst ist schon teuer genug.

▭▊▊ Laden - AC 4

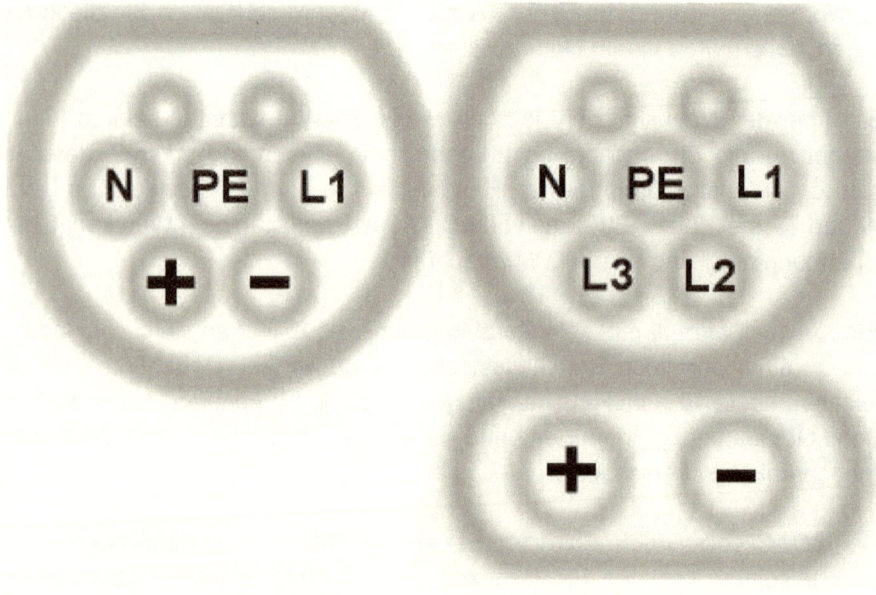

Tesla lässt uns nicht los. Oben sehen sie noch einmal links den älteren z.B. im Model S für Europa ab 2012 eingebauten und rechts den hier universell benutzbaren CCS Typ 2, den es im Model 3 gibt. Dass der CSS ohne den Gleichstrom-Teil zwar in jeden Tesla passt und umgekehrt, aber nicht funktioniert, das hatten wir schon. An der Pinbelegung sehen Sie, warum.

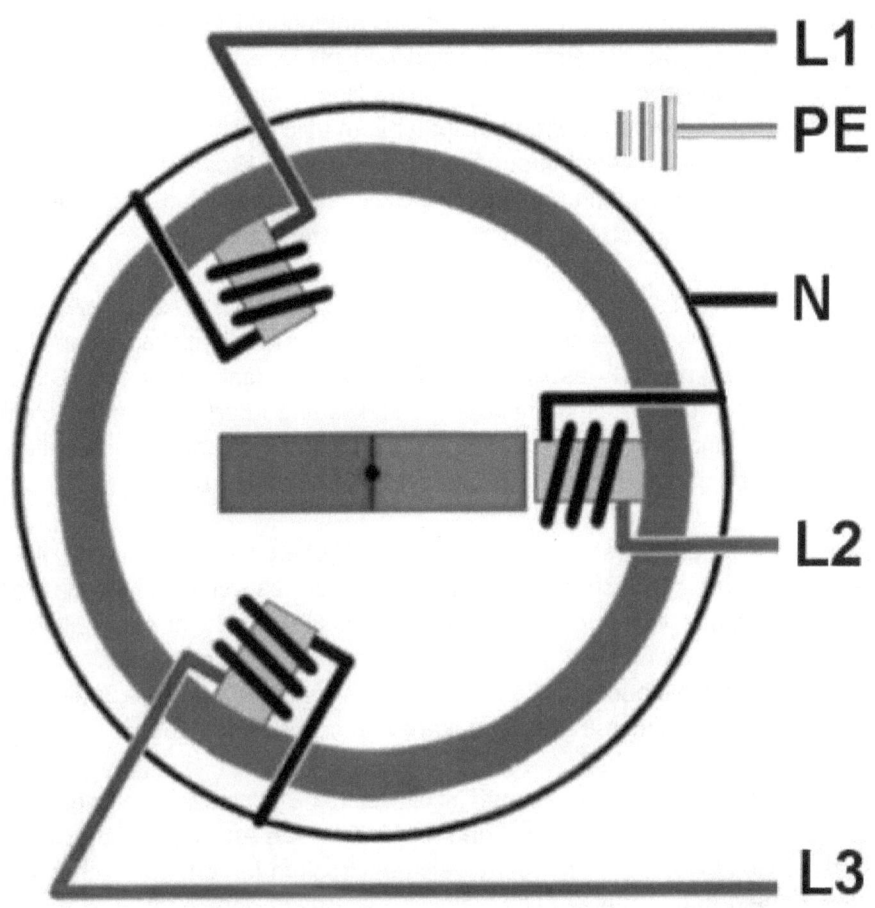

Tesla hat also das Model 3 für Europa hinter der Ladeklappe anders gestaltet, nämlich kompatibel zu dem CCS-Standard, um an jeder Ladesäule schnellladen zu können. Das wäre als der Schritt von links nach rechts. Die bei Tesla neu hinzugekommenen Pins L2 und L3 hätten allerdings nicht die zu erwartende volle Wirkung, solange der Ladevorgang bei Wechselspannung im Prinzip einphasig bleibt.

Inzwischen hat man einen Teil der Supercharger mit einem zweiten Kabel ausrüstet. Es gibt wohl auch ein Zwischenstück ähnlich dem sogenannten 'CHAdeMO-Adapter', aber wirklich nur ähnlich. Denn der fügt nur dem oberen runden Teil rechts mit gleichbleibender Pinbelegung für Wechselstrom unten einen Gleichstromteil hinzu, damit der Stecker auf Ladesäulen mit Gleichstrom zwar passt, aber trotzdem nur Wechselstrom laden kann.

Tesla-Fahrer/innen konnten eh' nichts damit anfangen. Die Frage steht dann noch im Raum, wie die Protokolle sind und ob eine zwischengeschaltete Steckverbindung ebenso sicher gegen mutwillige Eingriffe ist wie eine direkte zur Ladesäule. Überhaupt wird man später vermutlich mehr Ladesäulen allein für Wechsel- als für Gleichstrom antreffen. Warum? Weil diese wesentlich günstiger in der Anschaffung sind. Ein Gleichstrom-Anschluss ist so teuer, dass ihn sich vermutlich kein Privat-Haushalt leisten kann.

Warum? Für das Laden von Wechselstrom muss sich im Auto eine Elektronik befinden, die diese in Gleichstrom umwandelt, denn nur damit kann man eine Batterie aufladen. Lädt das Auto aber Gleichstrom, dann ist dieser AC/DC-Wandler mit der entsprechenden Ladeleistung der/den Ladesäule/n zugeordnet. Und wenn die Forderungen nach schnellem Laden so anhalten, dann braucht man dort auch noch erhebliche Batteriekapazität.

Es könnte ein Laden erster und zweiter Klasse geben. Denn der Aufbau einer Lade-Infrastruktur ist nicht gerade einfach. Denken Sie sich ein Hotel, das mit überwiegend oder fast nur Gästen gefüllt ist, die über Nacht ihr Auto aufladen wollen. Da gibt es nämlich schon jetzt Besitzer/innen von E-Autos, die nur noch solche Hotels buchen. Können Sie sich vorstellen, wie viele Stellplätze mit Ladesäulen und damit auch Ladekapazität so ein Hotel braucht?

Nehmen wir an, nicht jedem Zimmer ist ein solcher Stellplatz zugeordnet. Was ist, wenn ein Gast darauf besteht und ansonsten eine Art Überweisung in ein anderes Hotel womöglich mit dem gleichen Problem fordert, natürlich in der Nähe? Denn man hatte ja mit so einem Eklat nicht gerechnet, weil vorher angefragt. Da werden also demnächst nicht nur Zimmer, sondern auch solche Stellplätze vorgebucht. 'Tut uns leid, ein Zimmer wäre noch frei, aber keine Lademöglichkeit für Ihr Fahrzeug.'

Die Hotels sind schon jetzt gut beraten, zumindest nur mit Ladesäulen für Wechselstrom zu beginnen, die selbststehend ca. 2.000 bis 3.000 Euro und wandhängend 1.000 bis 2.000 Euro kosten. Aber wenn die alle dreiphasig ausgelegt sind, kann es passieren, dass mit zunehmender Anzahl von E-Fahrzeugen die Bereitstellung durch den Stromerzeuger begrenzt ist. Kommt also noch ein Management für die gesamte Ladestruktur hinzu.

An der Rezeption in der elektrischen Zukunft kommt es dann vor, dass bei einem/r kritischen Kunden/in das Auto mit der besonders großen Batterieausstattung bei weitem nicht vollgeladen wurde. Um das Szenario ins Groteske zu überführen, sieht man dann schon Hotelgäste, die beim Vorhandensein von besonders schneller Lademöglichkeit sich nachts verabreden, um ihre Autos zu tauschen.

Service des Nobelhotels: Man braucht nur den Schlüssel abzugeben und Umsetzzeiten für die Autos zu vereinbaren, ähnlich wie früher Weckzeiten. Das muss natürlich mit dem nächsten Nutzer abgesprochen sein. Da sehen Sie einmal, wie wichtig Vernetzung in der Zukunft sein wird.

Mit Toyota betritt ein großer Player die Bühne der teilweise solargetriebenen Fahrzeuge. Der hat sich mit der Forschungs- und Entwicklungsorganisation NEDO und dem Batteriehersteller Sharp zusammengetan und zunächst einmal ein Demonstrationsfahrzeug auf Basis des Prius Plug-in Hybrid vorgestellt. Auffallend ist, dass nicht mehr nur rechtwinklige Panele verarbeitet werden. So sind sie z.B. auf der vorderen Haube besser angepasst.

Man spricht von 34 Prozent Wirkungsgrad bei der Umwandlung der einstrahlenden Sonnenenergie auf die Zellen und einer Nennleistung von 860 Watt. Natürlich ist das viel mehr (4,8-fach), als das bisherige Solarladesystem nur im Glasdach dieses Prius realisieren konnte. Was man sich eigentlich schon gedacht hatte, es wird nicht nur beim Parken, sondern auch während der Fahrt geladen. Toyota bezeichnet das als Novum.

▢▎▏▎ Stichworte

Abgasanlage 95
Abgasentgiftung 68
abgesichert 173
Abschaltung 41
Abschwächung 32
absolut 29, 67
Abtrieb 56
Abweichung 139
AC 176, 180, 184, 186
Achsantrieb 12, 47, 56, 60, 62, 143
Achse 61, 154
Achsversatz 124
Adapter 170, 181
Ähnlichkeit 68, 108
Aktuatorik 141
Allradantrieb 46, 143
Aluminium 9, 114, 144
Ampera 47, 64
Ampere 173
Amplitude 33
Anbieter 185
Anfahren 48, 63
Angst 110, 120
Anhänger 85
Anlauf 130
Anlaufstrom 176
Anordnung 46, 112
Anreicherung 86
Ansaugen 54
Anschaffung 188
Anschluss 59
Anschlüsse 113, 114
Ansteuerung 33, 124, 137
Antrieb 8, 61, 63, 64, 68, 89, 94, 96, 101, 123, 124, 138, 143
Antriebe 50
Antrieben 69
Antriebsachse 95, 146, 162
Antriebseinheit 143, 144
Antriebsstrang 51, 68, 95
Anwendung 123
Anwesenheit 86, 157
Anzeichen 67
Anzeige 28, 164
Arbeit 54, 154
Arbeitsdruck 52
Arbeitsplatz 40, 66
Arbeitstakt 51, 52, 53
Asynchronmotor 133, 137, 138, 140, 150
Atkinson 50, 52, 53

Atmosphäre 86, 183
Atom 25
Audi 87, 95
Aufbau 188
Auffahrt 177
Aufladen 98
Aufladung 53, 66
Auflieger 95, 104
Auftrag 103
Aufwand 51, 117, 181, 182
Auge 26
Ausbau 145
Ausfall 109
Auslegung 142
Ausnahmeregelungen 66
Auspuffanlage 72
Ausrichtung 26, 27, 55
Ausstattung 112
Ausstoßen 54
Autobahn 8, 69, 162, 164
Autohersteller 9
Automobilindustrie 8, 42
AWD 44
Band 117
Batteriekapazität 43, 50, 95, 112
Bauart 128, 141
Baugruppe 49
Bearbeitung 117
Beheizung 168
Beladung 95
Belastung 136, 138, 164, 168, 170, 171, 172, 174, 182
Beleuchtung 10
Benzin 86
Benziner 6, 163
Benzinmotor 63, 143, 157
Berg 164
Bernstein 24
Beruf 41
Beschädigungen 145
Beschleunigung 95, 98, 123
Betätigung 30, 160
Betrieb 26, 61, 66, 68, 124, 141, 146
Betriebsspannung 124
Bewegung 124
Bewegungsenergie 87, 145, 146
Bildschirm 26, 108, 109
Bleche 27, 149, 150, 152
Bleibatterie 119
Block 112

BMW 9, 42, 48, 64, 82, 85, 110, 165, 169, 170, 178, 185
Boost 123, 142
Bord 9, 68, 90
Börse 99, 100
Brand 142
Bremse 162, 163, 164
Bremsen 7, 159, 160, 161, 163, 164
Bremsflüssigkeit 144
Bremsleitung 161
Brennstoffzelle 41, 70, 73, 76, 78, 81, 86, 87, 88, 89, 96, 119
Brougham 21
Brücke 33
B-Säule 108
bürstenlos 128
Bus 164
BYD 171
Car 71
CCS 180, 186
Chevrolet 47, 60, 64, 113, 115, 143, 144, 166, 168
China 63
Chipkarte 108
Computer 112
Crash 41
Crossover 115
Daimler 19, 42, 84, 88, 104
Dampfmaschine 20, 41
Daten 109
Dauer 142
Dauerbetrieb 39
Dauerdrehmoment 142
Dauerleistung 170
Dauermagneten 124, 137, 139
Dauerstrom 142
Deal 181
Demontage 144
Detroit 21
Deutschland 8, 9, 84, 89, 107, 122, 174, 181
Dichte 96
Dienst 6
Dienstleistung 41
Diesel 8, 86, 87, 143, 168
Dieselkraftstoff 87
Dieselmotor 6, 95, 119, 163
DiesOtto 157
Differenzial 12
Diode 34, 35, 36
Dollar 98, 104, 106, 107
Dose 177
Downsizing 55
Draht 26, 112
Drehfeld 138, 140
Drehmechanismus 126
Drehmomentwandler 59
Drehrichtung 131, 133
Drehstrom 128, 141, 147, 167
Drehzahl 68, 123, 125, 133, 136, 137, 138, 143, 146, 166, 167
Drosselklappe 54
Druck 74, 86, 96, 142
Durchschnitt 94, 174
Durchschnittsverbrauch 174
E-Antrieb 96, 146, 174
Eigen 6
Einbau 173
Einheit 25, 41
Einstieg 60, 100
Einzylinder 50, 68
Eis 63
Elektrik 56, 177
Elektriker 175
Elektrizität 24, 28, 34, 137
Elektroantrieb 17, 61, 146
Elektroauto 6, 43, 145, 170, 177
Elektromobilität 60
Elektromotor 29, 42, 46, 55, 57, 70, 87, 106, 123, 127, 136, 140, 142, 145, 147
Elektron 25
Elektronik 32, 96, 133
Element 112
E-Magneten 151, 152, 153, 154
Engagement 19, 171
Entwickler 162
Entwicklung 47, 120, 141
Erdgas 7
Erfahrung 96, 164, 186
Erfinder 10
Erfolg 9, 16, 124
Ersatz 40, 46
ESA 103
Euro 41, 66, 84, 89, 98, 107, 111, 169, 170, 188
Europa 20, 63, 186, 187
Expansion 52, 53
Experten 89
Extender 48, 169
Fahrbahn 161
Fahrer 18
Fahrleistung 6
Fahrt 111, 170, 189
Fahrtrichtung 144
Fahrweise 9, 164, 174
Fahrwerk 18
Fahrzeughersteller 8
Farbe 107
Fehler 6
Feinstaub 69
Feldlinien 26
Felgen 106

Filter 120
Fl-Schalter 179
Flüssigkeitskühlung 59, 86
Ford 21, 100
Forschung 41
Freilauf 68
Freischaltung 107
Frequenz 33, 125, 171
Friedmann 20
Frischgaszufuhr 54
Frontantrieb 68, 102, 143
Fronttriebler 144
Frostschutz 113, 166
Führung 59, 143, 144
Füllmenge 166
Füllung 53, 55
Funktion 57, 168, 171
Fußbremse 163, 164
Gang 45, 117, 146, 164, 167, 173
Ganzjahresreifen 106, 109
Garage 174, 177, 179
Garantie 106, 181
Gas 181
Gehäuse 141
Geld 6, 175
Genehmigung 174, 179, 185
Generator 48, 50, 57, 61, 62, 63, 128, 132, 137, 146, 163, 170
Gepäckraum 48, 107, 108, 115
Geschwindigkeit 22, 63, 104, 109, 124, 146, 164
Gesetzgeber 67
Getriebe 12, 50, 123, 124, 167
Gewicht 18, 89, 95, 96, 119, 129
Gewinn 9, 54, 99
Gigafactory 100, 110
Glasdach 189
Gleich- 29, 144, 167
Gleichstrom 33, 39, 141, 179, 181, 187, 188
Gliederzug 95
GM 60, 144
Golf 115, 166
Google 9, 108
Grund 124, 147, 181
Grundversion 107
Hahn 69
Halbleiter 34
Hand 6, 33, 69, 117
Handbremse 109
Haus 125, 183
Heck 107
Heizung 85, 165, 166, 168
Herd 181
Hersteller 6, 7, 43, 60, 63, 66, 84, 90, 153, 181

Herstellung 6, 110
Hertz 137
Hilfe 24, 26, 29, 81, 141
Hinterachse 44, 45, 107, 143
Höchstgeschwindigkeit 106
Hofwagenfabrik 11, 15
Höhe 22, 113, 122
Hub 51
Hybrid 42, 48, 49, 50, 58, 60, 61, 62, 63, 64, 68
Hydrogen 86
Hyundai 84, 96, 178, 181
Hz 30, 31, 137
Image 81
Induktion 138
Industrie 116, 172
Information 119
Ingenieur 18, 20
Innen 101
Innenausstattung 107
Innenleben 110
Installation 183, 184, 185
Instrument 111
Intelligenz 175
Internet 121, 185
Inverter 125, 126, 144, 167
Ioniq 178, 181
Isolation 142
Japan 63
Jenatzy 18
Justieren 109
Justierung 145
Kabel 119, 177, 181, 182
Kabelquerschnitt 181
Kalifornien 109
Kälte 166
Kältemittel 166
Kamera 89
Kanäle 114
Kapazität 43, 63, 98, 111, 112, 120, 185
Kapital 117
Karosserie 18
Kauf 66, 178, 183
Kern 25
Kette 56
Kiichiro 60
Kilometer 66, 69
Kinderarbeit 116
Kippmoment 136
Klarlack 109
Klimaanlage 166, 168
Klimaschutz 66, 69
Klopfgrenze 55
Knoller 20
Knowhow 110
Kobalt 116

Kofferraum 169
Kohlefaser 9
Kohlenstoff 81
Kolben 51
Komponenten 46, 55, 58, 72
Kompressor 166
Kondensator 168
Konkurrenz 41, 104
Kontakt 11
Kontrolle 123
Konzern 68
Kopf 95
Korrosion 164
Kosten 41, 94, 124, 166
Kraft 26, 89, 129, 130, 133, 145
Kraftfahrzeug 32, 41, 86, 125, 141
Kraftstoff 81
Kreis 26
Kreiskolbenmotor 68
Kreislauf 117, 144, 166
Kreisläufe 112, 166, 168
Kreisprozess 50, 54
Kreuzung 8
Krise 105
Kubikmeter 96
Kugellager 145
Kühlblech 31
Kühler 142, 144
Kühlergrill 142
Kühlmittel 113, 114, 144, 166
Kühlung 80, 96, 112, 165, 166
Kunden 17
Kunststoff 24
Kupfer 25
Kupferkäfig 139
Kupplung 50, 59, 62, 68, 160
Kupplungen 61, 124
Kupplungsgehäuse 46
Kurbelwelle 51, 53
Kurs 98
Kurve 34, 35
Kurzschluss 26, 29
Ladeeinrichtung 177
Ladegerät 173
Lade-Infrastruktur 188
Ladekabel 167, 177, 179
Ladekapazität 188
Ladeklappe 181, 187
Ladekurve 95
Ladeleistung 95, 188
Ladeleistungen 122
Lademenge 111
Lademöglichkeit 188
Ladequoten 177
Ladesäule 109, 111, 162, 178, 179, 181, 188

Ladesäulen 89, 111, 187, 188
Ladestation 86, 170
Ladestationen 95, 181
Ladestrom 174
Ladeströme 175
Ladestruktur 188
Ladeverhalten 185
Ladeverluste 170
Ladevolumen 98, 106
Ladevorgang 187
Ladezeit 12
Ladung 24, 25, 43, 79, 111, 115, 162, 164, 173
Lager 144
Lagerung 141
Landschaft 66, 88
Langlebigkeit 6
Langstreckenfahrt 66
Laptop 112
Laschen 114
Last 133, 171
Lastenaufzug 174
Lastpunktverschiebung 50
Lastwagen 40
Layout 144
Leaf 155, 156, 178
Lebensdauer 111, 112
LEDs 179
Leergewicht 76, 95, 106
Leerlauf 164
Leichtmetallfelgen 109
Leiharbeit 9
Leistung 32, 122, 157, 162
Leistungsfähigkeit 117, 142, 169
Leiten 25
Leiter 14, 25, 137
Leitung 26, 99, 166, 174, 177, 179, 185
Lenkrad 108, 167
Lenkung 109
Licht 41, 66
Limousine 101, 104, 107
Linie 35, 36, 43
Linien 152
Lithium 116
Litzenkabeln 122
Lkw 9, 89, 94, 95, 96, 105, 110, 164
Lobbyismus 66
Lohner 11, 13, 15, 19
Lotus 97, 98
Luft 63, 90, 122
Luftfederung 106
Lüftung 108
Lüftungskanal 32
Magnete 155, 156
Magneten 157
Magnetfeld 133, 137, 138

magnetisch 131, 149
Magnetismus 24, 27, 123, 137, 138, 149
Manipulation 66
Markensymbol 103
Markt 64, 69, 101
Martin 99
Masse 25, 117, 129
Massenproduktion 104
massiv 83, 128
Material 9, 140, 150, 155, 156, 157
Materie 25
Mathematik 85, 86
Mazda 64, 68, 157
Mechanik 9, 53
Mechaniker 14
mechanisch 53, 108, 126, 137
Mehrgewicht 50, 68
Membran 78, 119
Mercedes 94
Messgerät 28
Metall 26
Metalle 25
Methanol 81
Methode 111
Mikrohybrid 159
Mildhybrid 48
Miller 50, 53
Milliardär 99
Mindestverbrauch 174
Minizellen 112
Minus 25, 38, 119
Mirai 83
Mitsubishi 7, 45
Mittel 154, 169
Mittelklasse 107, 162
Mittellinie 152
Mobile 43
Mobilität 116
Modell 21, 72
Modellbau 147
Models 102, 104, 106
Modul 110, 115
Modus 47, 64, 66
Monozellen 110, 112
Motorbremse 164
Motorkraft 123
Motorsteuerung 157
München 103
Musk 99, 101, 103, 104, 105
Nachfrage 175
Nacht 89, 94, 122, 177, 188
Nahverkehr 41
Nardo 8
NASA 73
Navigation 69
Navigationssystem 108

NEFZ-Test 66
Nenndrehzahl 68, 97
Neodym 141, 144
Netz 84, 103, 117, 125, 173, 175, 177
Nexo 84, 96
Nichtleiter 25
Nissan 63, 64, 155, 178
Niveau 66
Nockenwellen 53
Nordpol 124, 125, 132, 133
Not 6, 169
Notfall 48, 163
Notlauf 68, 69
NOX 55, 69
Null 66, 69
Nullpunkt 69
Nutzen 66
Nutzlast 95
Nutzung 24, 86, 87, 98
Obsoleszenz 7
Öffentlichkeitsarbeit 100
Ökoschaltung 170
Öl 144
Opel 64
Otto 183
Output 82
Panasonic 42, 110
Paris 16
Partnerschaft 42
Patent 16
PayPal 99
PE 170
Peaks 175
Personalisierung 8
Petroleum 20
Pfeil 161
Phase 174, 176, 178, 179, 182, 183, 185
Phasenverschiebung 137
PHEV 45
Physik 26, 27
physikalisch 117
Physiker 24
Pkw 88, 89, 95, 174
Plan 153
Planetengetriebe 68
Platin 79
Platten 173, 181
Platz 44, 46, 103, 104, 112, 144, 167, 174, 177
Platzangebot 107
Plus 25, 38, 119
Pol 25, 36
Pole 26, 131
Polung 26, 125
Porsche 8, 10, 13, 14, 16, 19
Praxis 57, 66, 84

Preis 60, 179
Preise 41, 111
Preisnachlass 8
Prius 49, 50, 55, 56, 58, 60, 61, 63, 68, 164, 189
Privathaushalte 179
Privatleute 119
Probefahrt 178
Produktion 42, 104
Prophet 117
Proton 78
Prototypen 92, 120, 121
Prozent 6, 43, 85, 86, 98, 111, 117, 119, 138, 168, 173, 183, 189
Querschnitt 26, 114
Rad 8, 144
Räder 7
Radstand 22, 95
Radwechsel 7
Rahmen 72
Range 48, 64, 106, 169, 177
Rat 185
Raum 19, 96, 123, 166, 179, 188
Realismus 8
Rechnen 85
Rechnung 94, 170, 185
Recht 51, 157
Rechtecksignal 30
Recycling 116, 117
reduzieren 103, 116
Regel 56, 89, 136, 143, 163, 173, 175, 176, 181
Regeln 33
Regelung 54, 55, 68
Reiben 24
Reibung 24
Reibungskupplung 46
Reichweite 8, 19, 22, 69, 84, 88, 89, 96, 98, 103, 106, 119, 167, 169, 177
Reihenfolge 144
Reinkultur 47
Rekuperation 48, 109, 123, 159, 162, 163, 164
Reluktanz 152, 153
Renault 178
Reparatur 6
Reparaturen 41
Ressourcen 6, 90
Rest 104, 156
Restladezeit 122
Richtung 7, 26
Risiko 111, 117
Roadster 98, 105
Röhrenfernseher 26
Röhrenfirma 104
Rohrquerschnitte 144

Rolle 26, 27, 146
Rückgewinnung 117, 163
Salz 119
Sauerstoff 78
Schaden 142, 184
Schaeffler 120
Schale 25
Schalter 28, 29, 31, 33, 34, 108
Schaltgetriebe 57
Schaltung 132
Scheibenbremsen 106
Schema 122
Schirm 10, 26
Schleifenenden 137
Schlupf 139
Schlüssel 189
Schmelzpunktes 74
Schnellladen 86
Schnickschnack 179
Schraube 26
Schrauben 150, 155
Schubabschaltung 163
Schuld 100
Schutzkontakt 170
Schwerpunkt 95
Schwingung 34
Schwingungen 34, 137
Seide 25
Selbsthilfe 184
Sensorik 124
Serie 64, 97
Service 189
Servo 106
Sicherheit 69, 90, 111
Sicherung 112, 173, 183
Siebzehnzöller 101
Silber 25
Silicon-Valley 9
Sion 171
Skizze 56, 143
Smartphone 112
Soll 173
Soll-Istwert 123
Sonnenenergie 189
Spannung 28, 36, 37, 112, 128, 137, 166, 173, 181, 185
Spannungsquelle 28, 137
Speicher 41
Spengler 10
Spezialwerkzeug 144
Spiel 86
Spitze 98
Spitzen 39
Sportwagen 8
Sprache 175
Sprit 169, 170, 175

Spulen 124, 149
Spurhalteassistent 109
Stabmagnet 26
Stadt 63
Stahlfelgen 109
Stahltanks 75
Stammbelegschaft 9
Stand 95, 119
Standard 53, 74
Starkstrom 176, 177
Start 43
Starter 48, 50, 170
Start-Stopp 56
Stator 126, 128, 130, 131, 133, 137, 145, 151, 153
Stau 7, 69
Stauraum 44
Staus 9
Steckdose 86, 172, 176, 177, 179, 185
Stecker 177, 178, 181, 185, 187
Steckern 180
Stellmotor 144
Stellung 146
Steuergerät 115, 141
Steuern 107
Steuerung 33, 34, 53, 115, 166, 168, 175
Steuerzahler 41
Stil 116
Straße 8, 13
Strecke 162
Strecken 111
Stromaufnahme 124, 126
Stromnetz 123
Stromstärke 98, 112, 181, 183, 185
Stromverbrauch 174
Stromversorgung 169
Stück 35, 114
Südamerika 116
Süditalien 8
Südpol 124, 125, 132
Superbenzin 98
Supercharger 103, 178, 181, 187
Tabelle 121, 122
Tank 69, 72, 96, 97, 110, 170
Tankdruck 76
Tanken 94, 96, 103, 119, 120
Tankstelle 89, 90, 96, 119, 120
Tankstellennetz 89
Teillastbereich 53
Teilung 33
Temperatur 112, 117
Test 185
These 67
Touchscreen 108
Tour 94
Toyoda 60

Toyota 41, 49, 55, 58, 63, 64, 68, 73, 83, 104, 164, 189
Tradition 181
Transistor 31
Transport 86
Treibstoffe 94
Tür 43
Turbolader 68
Typenschild 137, 138
Überladen 112
Übersetzungsverhältnis 56
Überwachung 117
U-Boote 73
Umlauf 166
Umpolung 28
Umsetzzeiten 189
Umwandlung 83, 87, 189
Umwelt 9, 116, 182
Unfall 104, 116
Urlaub 111
Vandalismus 89
Vehikel 174
Verarbeitung 87, 146
Verbindung 24, 47, 60, 63, 128, 137, 146, 157
Verbrauch 9, 25, 48, 55, 86, 89, 94, 96, 170, 173, 175
Verbräuche 55, 122
Verbrennung 82
Verdichten 54
Verdichtung 55
Verdichtungsverhältnis 54
Vergleich 52, 96, 121, 123, 141, 143, 146, 156
Verhalten 133
Verlängerungskabel 173
Verlegung 181
Verlust 96, 98, 166
Verluste 39, 170, 181
Vernetzung 189
Versorgung 173
Versuch 24, 49, 54, 127
Verteilerverkehr 40, 94
Verteilung 9, 25
Verzögerung 162
Video 62, 128, 170, 185
Videos 185
Vierzylinder 49, 56, 68
Volkswagen 144
Volllast 55
Volt 47, 60, 64, 114, 122
Volumen 89, 96, 115
Volvo 44
Vorbereitung 20
Vorderachse 62, 143
Vorgänge 26, 140

Vorgänger 60
Vorhersagen 42
VW 9, 42, 143, 154, 157
Wandler 141, 144
Wärme 35, 79, 146, 166, 167, 168
Wartung 41
Wasser 79, 113, 166
Wasserstoff 74, 78, 82, 83, 86, 89, 90, 94, 96, 119
Wechsel 42, 125, 133
Wechselspannung 36, 178, 187
Wechselstrom 34, 122, 141, 166, 173, 177, 178, 181, 185, 187, 188
Welle 25, 51
Welt 17, 45, 48, 89, 95, 101, 110, 166, 175

Werk 107
Wicklung 142, 150
Widerstand 26, 152, 153
Widerstände 32
Wiederverwendung 116
Wikipedia 41, 157
Wind 18
Winkel 125, 126, 133, 138, 153
Wirkungsgrad 55, 83, 86, 89, 96, 119, 123, 146, 189
Wissen 24
Zahl 25, 86, 174
Zähler 121, 179
Zählerkasten 177, 183
Zeichnung 52
Zugfahrzeug 95

▢❙❙❙ Wie geht es weiter?

In der Tat, das Buch nähert sich rasant dem Ende. Aber das soll es nicht gewesen sein. Wir lassen Sie nicht allein mit dem Thema.

Wir haben ja unsere Website kfz-tech.de. Und wenn es Neuigkeiten zu diesem Thema gibt, können sie diese durch einen Klick auf das Symbol oben finden. Sie können daran teilhaben, sogar ohne weitere Kosten, solange die Texte noch nicht Eingang in das Buch gefunden haben.

▫▥ Wenn Ihnen . . .

- das Buch gefallen hat, wäre es nett, wenn Sie eine Kundenrezension schreiben würden.

- das Buch nicht gefallen hat, wäre es nett, wenn Sie statt einer Kundenrezension eine E-Mail an harald.huppertz@t-online.de schreiben würden. Wir befassen uns mit der Kritik und schicken Ihnen entweder Korrekturen zu oder erklären Ihnen, warum wir auf Ihre Kritik nicht eingehen konnten, versprochen.

▫▥ Alle gedruckten Bücher

Wenn Sie die jeweilige Adresse in Ihren Internet-Browser eintippen, kommen Sie automatisch zu der Seite, auf der das Buch angeboten wird.

Modellbau	
Modellbau 1	kfz-tech.de/M1
Modellbau 2	kfz-tech.de/M2
Modellbau 3	kfz-tech.de/M3
Modellbau 4	kfz-tech.de/M4
Modellbau 5	kfz-tech.de/M5
Modellbau 6	kfz-tech.de/M6
Modellbau 7	kfz-tech.de/M7
Modellbau 8	kfz-tech.de/M8
Modellbau 9	kfz-tech.de/M9
Modellbau 10	kfz-tech.de/M10
Modellbau 11	kfz-tech.de/M11
Modellbau 1-4	kfz-tech.de/M1-4

Kfz-Technik	
Autonom	kfz-tech.de/B12
CAN-Bus	kfz-tech.de/B01

CAN-Bus-Software	kfz-tech.de/B36
CAN-Bus-1000 Fragen	kfz-tech.de/B37
CAN Softw. Telem. 1000 Fragen	kfz-tech.de/B38
Computer	kfz-tech.de/B67
Software	kfz-tech.de/B03
Telematik	kfz-tech.de/B24
Sensoren	kfz-tech.de/B58
eDrive	kfz-tech.de/B02
eDrive 2	kfz-tech.de/B68
Verbrennungsmotoren	kfz-tech.de/B08
Verbrennungsmotoren-Aufgaben	kfz-tech.de/B29
Verbrennungsm.+1000 Fragen	kfz-tech.de/B26
Dieselmotor	kfz-tech.de/B28
Motorsteuerung	kfz-tech.de/B05
Zündung	kfz-tech.de/B62
Aufladung	kfz-tech.de/B34
Benzin-Einspritzung	kfz-tech.de/B11
Abgas	kfz-tech.de/B32
Schmierung	kfz-tech.de/B04
Getriebe	kfz-tech.de/B06
Allrad 1	kfz-tech.de/B30
Allrad 2	kfz-tech.de/B33
Lenkung	kfz-tech.de/B17
Fahrwerk	kfz-tech.de/B16
Hydraulische Bremse	kfz-tech.de/B15
Hydr. Bremse-Fragen	kfz-tech.de/B42
Druckluftbremse	kfz-tech.de/B29
Bremsen-Fragen	kfz-tech.de/B41
Räder	kfz-tech.de/B57
Klimaanlage	kfz-tech.de/B13
Kühlung-Heizung	kfz-tech.de/B14
Klima Kühl.-Heiz.	kfz-tech.de/B51
Karosserie	kfz-tech.de/B49
Design	kfz-tech.de/B40
Mobilität	kfz-tech.de/B54
kfz-Technik 1	kfz-tech.de/B50

kfz-Technik 2	kfz-tech.de/B61
kfz-Technik 3	kfz-tech.de/B52
kfz-Geschichte 1	kfz-tech.de/B46
kfz-Geschichte 2	kfz-tech.de/B47
kfz-Geschichte 3	kfz-tech.de/B48
Volkswagen 1	kfz-tech.de/B59
Volkswagen 2	kfz-tech.de/B60
Porsche	kfz-tech.de/B19
Lamborghini	kfz-tech.de/B55
BMW Teil 1	kfz-tech.de/B31
BMW Teil 2	kfz-tech.de/B35
Mercedes	kfz-tech.de/B53
Ferrari	kfz-tech.de/B45
Deutsch-Englisch	kfz-tech.de/B44
Psychologie	kfz-tech.de/B25
kfz-tech.de	kfz-tech.de/B18
Elektronik	kfz-tech.de/B43
Mathematik	kfz-tech.de/B05
Mathematik-Formeln	kfz-tech.de/B63
Physik	kfz-tech.de/B56
Chemie	kfz-tech.de/B39
Formeln	kfz-tech.de/B27

Wiederholungsfragen	
Verbrennungsmotor	kfz-tech.de/B09
Motormanagement	kfz-tech.de/B10
Bussysteme Elektronik	kfz-tech.de/B07
Prüfungsaufgaben Teil1.1	kfz-tech.de/B20
Prüfungsaufgaben Teil1.2	kfz-tech.de/B21
Prüfungsaufgaben Teil2.1	kfz-tech.de/B22
Prüfungsaufgaben Teil2.2	kfz-tech.de/B23

www.ingramcontent.com/pod-product-compliance
Lightning Source LLC
Chambersburg PA
CBHW030625220526
45463CB00004B/1416